完美基底
帶出蛋糕精緻美感

兼具口感和美觀性，讓蛋糕的價值大幅提升

Craive sweets kitchen
熊谷裕子——著

瑞昇文化

CONTENTS

蛋糕的美感取決於「基底製作」

以慕斯或巴伐利亞奶凍塑形的蛋糕

材料

* 砂糖可使用上白糖或細砂糖。若有指定「糖粉」或「細砂糖」時，請依照指定的材料製作。
* 鮮奶油選用動物性乳脂肪含量35%或36%之產品。
* 擀開麵團時所使用的手粉，基本上選用高筋麵粉較適合。如果沒有，用低筋麵粉也可以。
* 雞蛋選用L尺寸。選用標準為蛋黃20g、蛋白40g。

工具

* 請使用大小恰當的鋼盆與打蛋器。若量少卻使用過大的器具，會導致蛋白與鮮奶油不易打發，或者難以與麵糊拌勻。
* 請先將烤箱預熱至指定溫度。
* 因為使用家用烤箱，所以烘烤時間、溫度多少有點差異，請務必確認烘培狀態並進行調整。本書所記載的內容，是以家庭用瓦斯式熱風對流烤箱為基準。
* 本書所使用的模具與鋸齒刮板，皆可於烘焙材料行等商店購得。

蛋糕的美感
取決於
「基底製作」

光是基底製作就會讓

您是否曾經覺得在蛋糕最後完工的階段，無論奶油擠得多華麗、用水果裝飾得多鮮豔，都會感到「做出來的成品老是不如專業甜點師，好像哪裡不夠簡潔美觀……」、「總覺得成品不好看……」呢？

其實，原因就出在「基底製作得不夠紮實」。

若切開後的剖面並未呈現水平或者有缺角，無論將表面裝飾得多美麗，都會給人一種雜亂的感覺。

每位專業甜點師都知道做出漂亮蛋糕的「基底製作秘訣」，可謂基礎中的基礎，但是令人意外地，在喜愛製作甜點的圈子中卻沒什麼人知道。尤其是已經熟悉製作甜點的中級愛好者，通常養成自己的習慣之後，就不會再想辦法去改善。

將麵糊抹平在烤盤上烘焙、平整地組合奶油與慕斯、做出銳角讓蛋糕成形等，每一個重點都是很平淡的操作，或許會令人覺得：「到現在還在說這些？」然而，正因為這些細微而平淡的工序綿密堆疊，才能向美麗的蛋糕跨出一大步！

成品如此不同！

Part 1 製作蛋糕基底的訣竅

製作基本的麵糊

首先，請先做好可以夾入奶油或者舖在慕斯底下的海綿蛋糕吧！無論是用海綿蛋糕包圍慕斯的設計，還是將奶油與海綿蛋糕層層堆疊再裁切、露出剖面的糕點，都可以藉由控制海綿蛋糕的厚度或角度，讓成品的美感產生莫大變化。

平整地抹開麵糊

將麵糊抹開烘烤時，必須使用抹刀水平抹勻，厚度必須均等。製作這種海綿蛋糕很容易中間厚、四周薄，所以必須特別注意。若厚度不均，薄處會過脆，太厚的部分則烤不熟，這也是造成烘烤狀況不均的原因之一。秘訣在於用抹刀抹開麵糊時，塗抹動作要控制在最少次數，以免把氣泡抹掉。一開始就要用整個抹刀大面積塗抹，最後再微微傾斜抹刀整理表面。如果只用抹刀前端重複塗抹太多次，則會使氣泡完全消失。

NG!

中間過厚使得表面凹凸不平，四周太薄的話，裁切時可能會整片裂開喔！

擠出均勻的漂亮麵糊

將麵糊倒入擠花袋，使用擠出的線條當作設計的一部分時，製作美麗基底的訣竅就是要擠出粗細、厚度均勻的平行線條。擠橫線條時，將擠花袋整個傾斜，以擠出與花嘴相同大小的線條為目標去控制力道。擠下一個線條時，只要擠在稍微碰到上一條線的位置，烤好之後就算膨脹也會完美地留下線條。若間隔太近，麵糊經過烘烤後就會膨脹成一大塊，無法形成漂亮的線條。

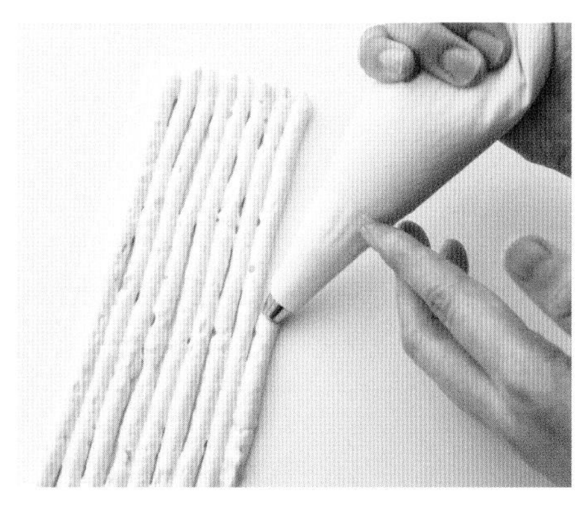

NG!

麵糊攪拌過度，導致氣泡消失，麵糊的線條就會崩垮消失！

裁切出銳利剖面

裁切蛋糕體時，側面被壓扁、凹凹凸凸不平整，都會讓好不容易才烤好的蛋糕功虧一簣。使用鋸齒狀的裁切刀，以傾斜的角度入刀，就像在鋸東西一樣讓刀子前後擺動、輕輕裁切，便能打造出銳利的剖面。

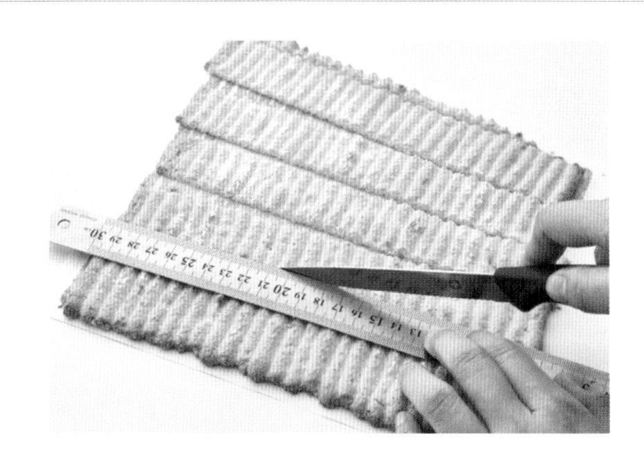

水平堆疊蛋糕層

海綿蛋糕與奶油層層相疊時，每一層都要慎重地鋪平。在鋪放時，很容易形成正中間過厚、周圍或角落的高度過低，所以每次堆疊海綿蛋糕時，要輕壓正中間，使蛋糕維持水平狀態。

一定要鋪滿整個模型

將海綿蛋糕捲在慕斯框側面或鋪在底下時，蛋糕必須裁切得比慕斯框的尺寸再稍大一點，約為可硬擠進框內的程度。因為海綿蛋糕具有延展性，如果尺寸剛剛好，就有可能會慢慢鬆開，導致慕斯或巴伐利亞奶凍出現皺褶。這種情形對蛋糕的側面美觀影響特別大，所以請務必確認接合處有無位移或過鬆的狀況。

基本的Biscuit蛋糕體作法

所謂的Biscuit蛋糕體，指的是以蛋白與蛋黃分別打發的「分蛋式打發法」製作的海綿蛋糕麵糊。除了只用雞蛋、砂糖、麵粉製作的基本麵糊以外，還有加入可可粉、杏仁粉等的麵糊，種類十分豐富。

在此介紹最基礎的「Biscuit蛋糕體」與加入杏仁粉、甜味較重的「杏仁蛋糕體」兩種代表性的基底蛋糕。若在麵糊中加入可可粉或抹茶等風味，就能延伸出更多變化。美味的Biscuit蛋糕體，會讓蛋糕的味道與口感更有層次。只要用心操作，就會大幅提升蛋糕整體的美味。

Biscuit蛋糕體

氣泡大、口感輕巧是一大特徵。因為容易吸收抹醬，能讓成品保持濕潤，所以與巴伐利亞奶凍或慕斯非常搭。在低筋麵粉中加入可可粉，就變成「巧克力蛋糕體」了。可視需要用抹刀抹平烤成片狀，或者用花袋擠出來再烘焙。

基本配方

蛋白	1個的量
砂糖	30g
蛋黃	1個
低筋麵粉	30g

＊製作蛋糕時，請參考各蛋糕的食譜配方製作。

作法

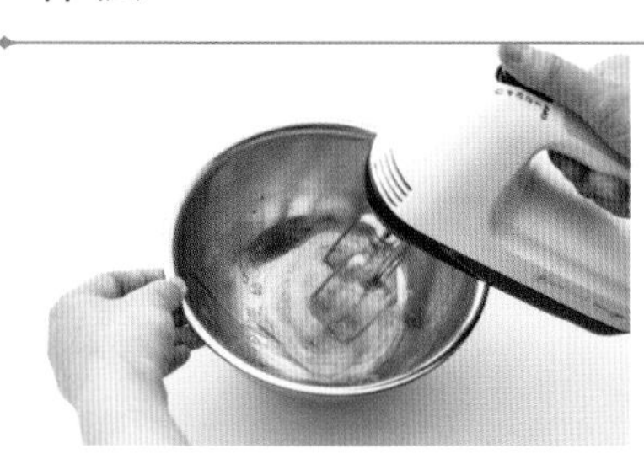

1　將蛋白放入調理盆中，以攪拌機高速打至起泡。

2　當體積膨脹到會稍微留下攪拌機的型狀時，分兩次加入砂糖。若太早加入砂糖會不容易打發，但若太晚加入又會發過頭，所以必須特別注意時間點。

3　打至蛋白霜確實硬挺並且有光澤，如圖片中整體膨鬆的狀態即可。

4　加入蛋黃。取下一支攪拌器上的攪拌棒，用手輕輕攪拌。不必完全拌匀。

5　將低筋麵粉直接放入篩網中。使用橡膠刮刀篩麵粉就不會灑出來了。

6　旋轉調理盆，以橡皮刮刀大範圍整體拌匀。就像畫「の」字一樣，大致攪拌均匀。

抹成片狀

7　攪拌至剛好已經看不見麵粉顆粒的程度即可。就算還有一點不均匀也沒關係，小心不要攪拌過頭。

8　將麵糊倒在影印紙上，使用L形抹刀抹成指定大小。抹麵糊時須調整力度，小心不要壓破氣泡，且塗抹的次數越少越好。詳情請參照第11頁的步驟**7～8**。

9　在190度的烤箱中烘烤8～9分鐘，待整體都已經烤出色澤就可以將蛋糕取出。根據麵糊的厚度與形狀不同，烘烤的程度也會改變，實際製作時請以各食譜所指定的時間為基準。蛋糕完成之後馬上從烤盤上移開，為避免乾燥，需蓋上一層烘焙紙保濕。

使用擠花袋製作

8　將麵糊倒入裝有指定花嘴的擠花袋中，以食譜指定尺寸、形狀，把麵糊擠在影印紙或烘焙紙上。擠橫條紋時，將整個擠花袋傾斜，並且以符合花嘴大小的力道均匀擠出麵糊。擠麵糊時，線條與線條之間必須剛好相接在邊緣。

9　將糖粉（食譜分量外）以茶葉濾網均匀撒在整體麵糊上。烘烤時，糖粉會融化在表面形成薄膜，擠出的線條就不容易塌陷。

10　在190度的烤箱中烘烤8～9分鐘。烤好之後立刻從烤盤上移開，並蓋上烘焙紙以防止乾燥。

擠花袋垂直往下擠，會導致直線彎曲或者粗細不均匀。

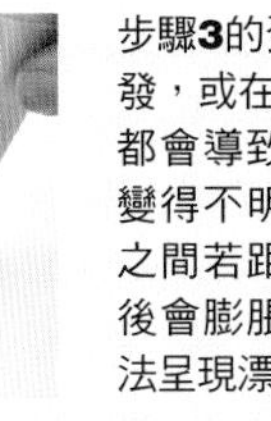

步驟**3**的蛋白霜沒有充分打發，或在步驟**7**攪拌過度，都會導致麵糊過軟、線條變得不明顯。線條與線條之間若距離太近，烘烤之後會膨脹到黏在一起，無法呈現漂亮的線條。

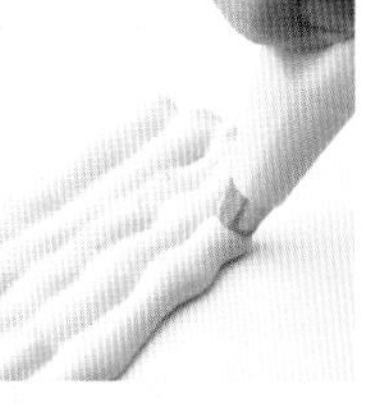

杏仁蛋糕體

因為加入大量杏仁粉，所以可烘烤出帶有濕潤口感的基底。經常使用在反覆夾入數層奶油等可運用基底本身美味的蛋糕中。

基本配方

蛋白	50g
砂糖	30g
全蛋	35g
糖粉	25g
杏仁粉	25g
低筋麵粉	22g

＊製作蛋糕時，必須配合各食譜的配方製作。

作法

1　在蛋白中加入砂糖，以攪拌機高速打發。一開始先加入砂糖，會使得打發時間較長，但可以製作出綿密而堅韌的蛋白霜。

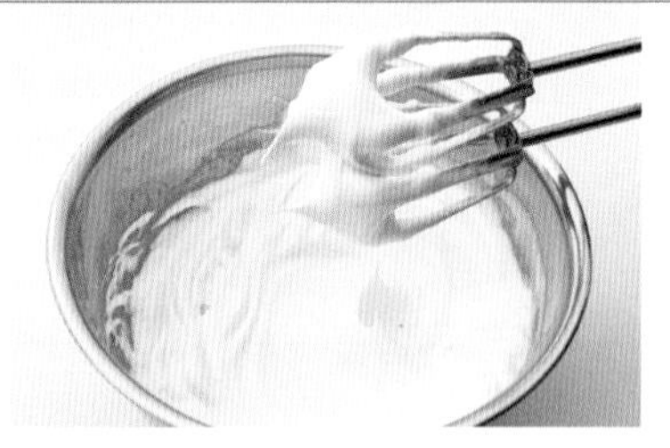

2　打發至蛋白霜呈現高密度、外型硬挺為止。

3　在另一個調理盆中加入全蛋、糖粉、杏仁粉，以攪拌機攪拌至麵糊泛白。

4　在步驟**3**中加入一半的蛋白霜，用橡膠刮刀大略攪拌。將低筋麵粉篩入麵糊中，以橡皮刮刀由下而上大幅攪拌至看不到麵粉顆粒。

5　加入剩下的蛋白霜，全部攪拌均勻。

秘訣

秘訣在於麵糊的狀態，必須攪拌到稍微看得見蛋白霜的程度。若攪拌過度氣泡就會消失，烤出來的成品就不會呈現海綿狀。

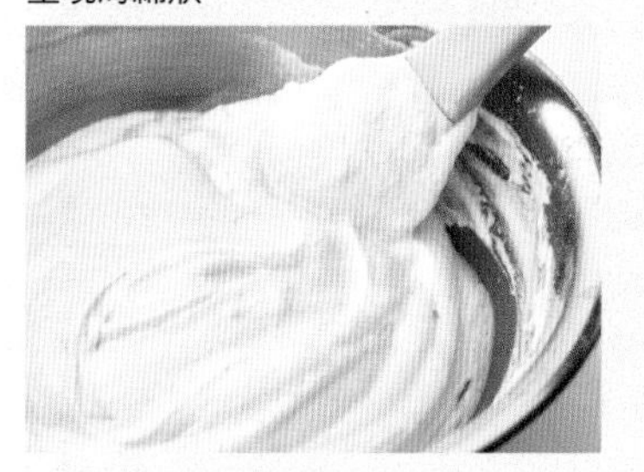

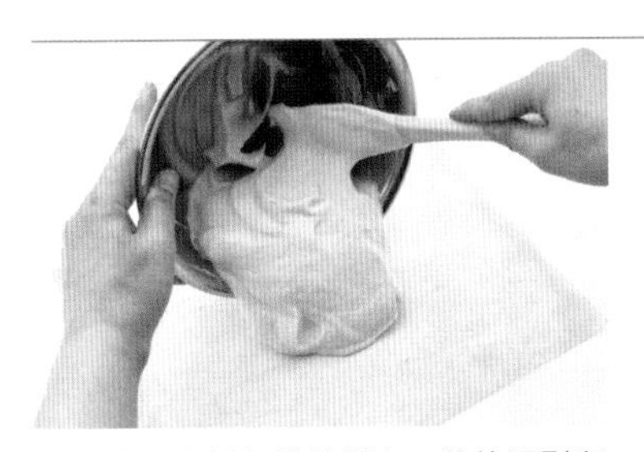

6　將麵糊倒在烘焙紙上。若使用影印紙，烤好之後會很難撕除。

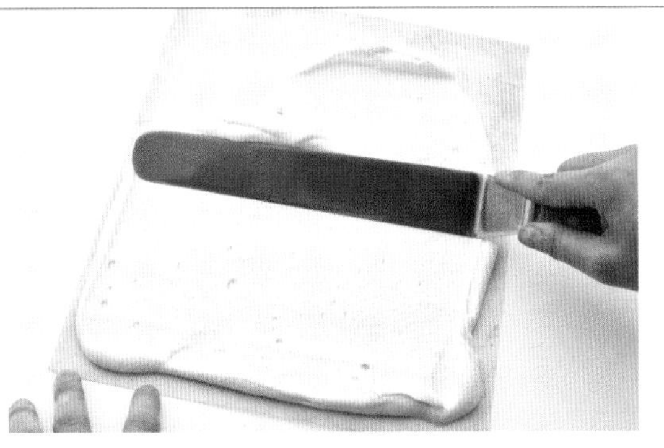

7　使用L型抹刀，把麵糊抹開至指定尺寸。必須用整個抹刀，一鼓作氣抹開。

8　以抹刀朝縱向、橫向抹開，使麵糊延伸到四個角落。待麵糊抹開至一定面積後，微微傾斜抹刀，將麵糊調整至厚度均等的水平狀態。若來回抹太多次氣泡會消失，必須盡快抹好麵糊。

麵糊上留下明顯的抹刀痕跡或者四周薄、中間厚，在這種狀態下烘焙，四周會因過度乾燥而脆化，使蛋糕體出現火候不均的情形。

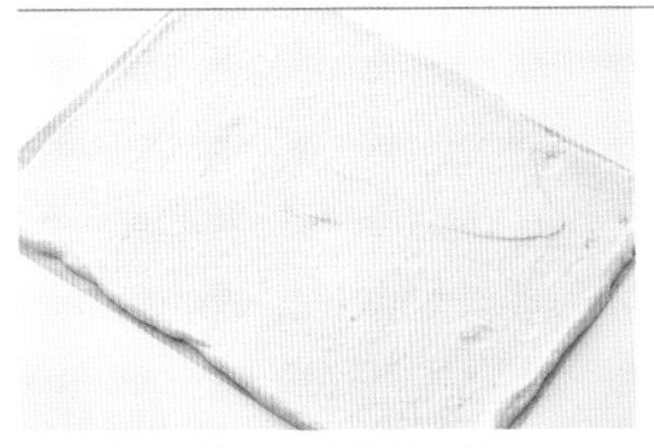

9　將麵糊抹至厚度均等，放入190～200度的烤箱中，烘烤8～9分鐘。因為厚度與形狀都會影響烘烤狀況，所以請務必依照各食譜指定的時間製作。

10　蛋糕出爐後，立刻從烤盤上移開，蓋上烘焙紙以避免乾燥。

慕斯與巴伐利亞奶凍的入模方法

慕斯與巴伐利亞奶凍的作法並不難。然而，結合兩種以上慕斯的蛋糕，或者搭配Biscuit蛋糕體的款式，想要做得漂亮就需要技巧了。表面出現大顆氣泡、慕斯與慕斯之間的界線凹凸不平，蛋糕看起來就會很粗糙。讓蛋糕呈現美麗外觀的訣竅，就是要配合整體設計調整慕斯與巴伐利亞奶凍的硬度，並將材料填滿模框的每個角落。

製作硬一點的慕斯，避免材料流入蛋糕體的間隙中

模型側面用Biscuit蛋糕體圍起來，中間再加入慕斯或巴伐利亞奶凍的蛋糕，若慕斯或奶凍太軟，就會流至模框與海綿蛋糕的間隙中，無法形成漂亮的分層。除此之外，製作在模框側面薄塗一層慕斯的蛋糕時，如果慕斯過軟，就會流到模框底部，無法固定在側面。
若蛋糕採用這種設計，慕斯或巴伐利亞奶凍就要做得硬一點。製作過程中，只要確實冷卻、提高濃度之後再加入鮮奶油，就能製作出偏硬的成品。

NG!
慕斯太軟就很容易
流入海綿蛋糕與
模框的間隙，
如此一來，就看不到海綿蛋糕
的縱向線條了。

製作柔軟的慕斯，確保在模框中呈現平坦狀

在模框中倒入慕斯，製作與海綿蛋糕互相交疊的蛋糕時，偏硬的慕斯或巴伐利亞奶凍較難呈現平整的外觀，若使用橡膠刮刀勉強抹平，反而會讓慕斯沾黏在模框側面，無法打造出漂亮的層次。
這種時候就要製作柔軟的慕斯或奶凍。不要過度冷卻，在尚可流動的狀態下入模，只要在工作檯上輕敲模框就可以自然地打造出平整的表面。

NG!
用橡膠刮刀勉強
抹平過硬的慕斯，
會讓慕斯
沾到模框側面。

側面不能出現大洞或缺角

使用有尖角的模框時，很容易出現慕斯沒有確實舖滿邊緣而造成脫模後出現大洞或缺角的情況。若食材過軟，蛋糕會整個塌陷，所以必須準備偏硬的慕斯或巴伐利亞奶凍，用湯匙背面把慕斯確實壓入模框側面與角落，不留下任何空隙，這一點非常重要。

塗抹、擠奶油的方法

奶油與Biscuit蛋糕體堆疊數層的設計，堪稱「最具代表性的蛋糕」，很多人都希望自己也能做好這種蛋糕。為了提高成品的完成度，必須注意要讓奶油與蛋糕體呈現水平重疊、切面要乾淨俐落這幾個重點。

另外，Biscuit蛋糕體的厚度，不只會大幅影響外觀，也會影響口感。請搭配奶油的味道與口感，調整成適合的厚度吧！

製作偏硬的奶油

以Biscuit蛋糕體夾奶油時，若奶油過軟就會在製作過程中溢出、或者在切塊時因擠壓而變形。尤其是奶油較厚的蛋糕，更要確實打發鮮奶油，製作較硬的奶油層。有時會加入吉利丁等凝固劑來幫助定型。

抹平奶油，平整地向上堆疊

Biscuit蛋糕體與奶油薄薄地堆疊好幾層時，無論使用何種奶油都要抹得漂亮。抹刀若來回抹太多次，會導致奶油分離、口感變差。另外，不只最上面要抹平，從最下層開始就要確實抹平，才能打造出完美的切面。

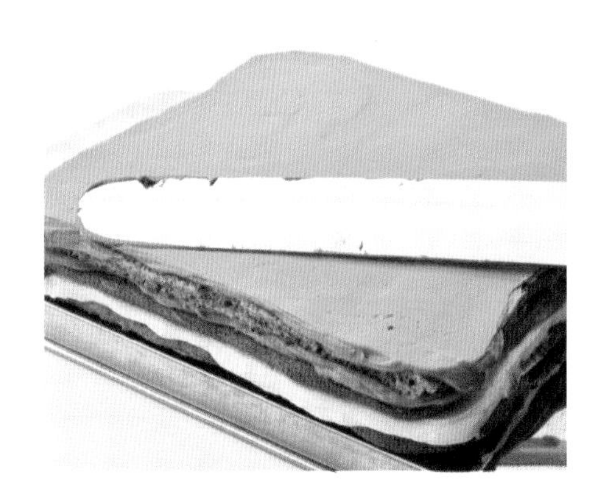

擠出立體的造型

在基底蛋糕上擠出立體奶油造型時也是一樣，若奶油不夠硬就無法成形。因此，必須將鮮奶油打到9分發，趁奶油還沒變粗糙之前擠好造型。

製作塔皮的方法

塔皮上搭配奶油或慕斯時，美感將取決於塔皮與上方慕斯之間的協調感。為打造出穩固的形狀，上半部必須做得比塔皮小一號。另外，為了確實固定，塔皮表面平坦也很重要。

塔皮無論是風味或口感都較為強烈，所以必須依照組合食材的口味用心搭配厚度，做出不只外觀漂亮，口感也均衡的美味蛋糕。

做出漂亮的塔皮

塔模的底部、側面、角落都要完整鋪上塔皮麵團，並將邊緣切得乾淨俐落。如果麵團做得不好就容易變形，也無法切得漂亮。若發現麵團變形，可以放進冰箱冷藏，待麵團恢復硬度之後再繼續製作。另外，杏仁奶油餡經過烘焙會膨脹，所以填裝時分量需減少。杏仁奶油餡若裝得比塔皮邊緣高，加上慕斯的時候就會因傾斜或浮動而不穩。

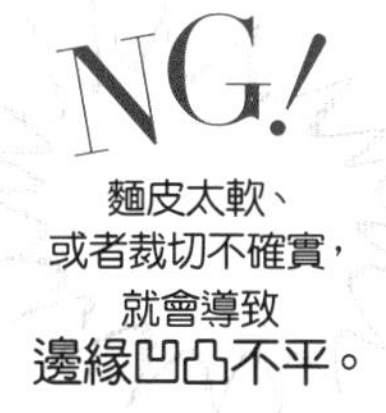

調整底座與上半部的尺寸以取得平衡

要將慕斯或巴伐利亞奶凍放在塔皮上時，請使用比塔模小一號的慕斯框。塔皮在烘烤之後會稍微縮小，成品會比塔模的直徑稍窄，所以必須考量這一點。若是製作法式小蛋糕，只要準備直徑比塔模小1cm的慕斯框，就可以做出比例完美的成品了。

NG!
慕斯的
直徑太小！
可以看見塔皮的正面。

基本的塔皮作法

將杏仁奶油餡擠在法式甜塔皮上烘烤，這是塔皮最常見的使用方式。法式甜塔皮中加入可可，就會變成巧克力甜塔皮，也可在杏仁奶油餡中加入果醬或水果乾一起烘烤，變化出許多不同的種類。

基本配方

直徑7cm、高1.6cm
塔模4個的量

法式甜塔皮

糖粉	25g
低筋麵粉	70g
無鹽奶油	35g
蛋黃	1個

杏仁奶油餡

無鹽奶油	15g
砂糖	15g
全蛋	15g
杏仁粉	15g
蘭姆酒	3g

＊製作蛋糕時請參照各食譜的配方。

塔模的形狀

除了圓形以外，還有船形等各種不同形狀的塔模。就算是相同直徑也會有不同深度的款式，請搭配奶油或慕斯的味道與形狀分別使用。

作法

製作麵團

1 在食物調理機中加入糖粉、低筋麵粉。兩種粉類都不需要過篩。在奶油尚硬的時候倒入食物調理機，攪拌至呈粉末狀。

2 加入蛋黃之後，按下食物調理機的按鈕，每次一點一點地攪拌。剛開始還會是粉末狀，慢慢就會變成較大的顆粒。

3 細粉末幾乎消失，出現像炒蛋般溫潤的大顆粒狀就完成了。

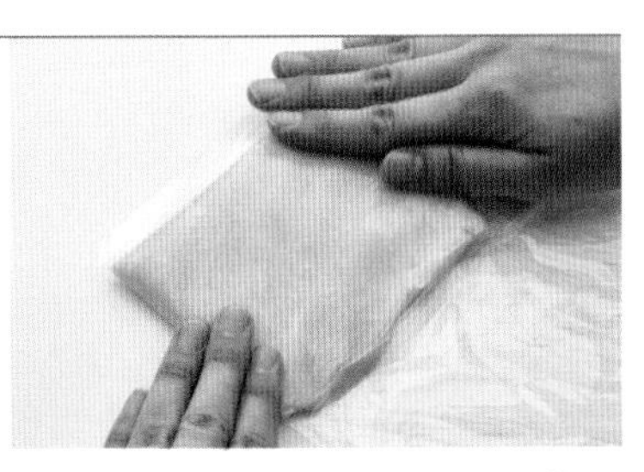

4 將麵團裝入塑膠袋中攤平，放在冰箱冷藏1小時以上。靜置一段時間之後，麵團會變得容易延展，可以防止烤過之後收縮。這個步驟也可以放在冷凍庫保存。

基底塔皮（鋪在塔模中）

5　將麵團分成每個20～25g的大小，每個都撒上手粉（標示分量外），再用擀麵棍擀成厚3mm的圓形。尺寸必須比塔模大一圈且厚度均等。

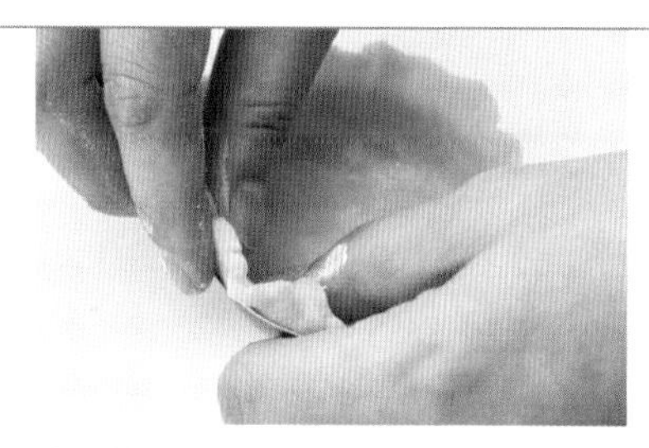

6　將麵團蓋在塔模上，沿著塔模邊緣鋪上麵團。

7　塔模側面或角落的部分，要用手指按壓確實貼合。若太用力麵團會變薄、變得厚度不均，故須特別注意。

秘訣

進行這個步驟時動作要快，若途中麵團變軟，就必須先放進冰箱讓麵團收縮。麵團沾手時，可使用少量手粉。

8　用銳利的刀具沿著塔模的邊緣水平切齊塔皮。此時可稍微調整厚度。

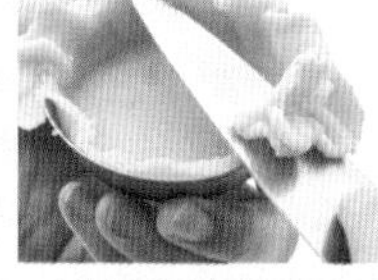

麵團過於鬆散時，邊緣就無法切得乾淨俐落。麵團過軟時，只要確實放進冰箱冷藏就可以切出銳利的邊緣。

製作杏仁奶油餡

9　用叉子在底部整面戳洞。如此一來，塔皮受熱均勻，可以防止烤過之後收縮、或者塔皮底部膨脹的狀況。之後放入冰箱冷藏。

10　待奶油變軟之後，用打蛋器打至乳霜狀。依序加入砂糖、全蛋、杏仁粉拌勻。最後淋上蘭姆酒一起攪拌。

11　在步驟**9**的塔皮加入杏仁奶油餡，以橡皮刮刀抹平。

秘訣

杏仁奶油餡烤過就會膨脹，所以餡料必須略低於塔皮邊緣。

12　以180度的烤箱烘烤15～20分鐘，烤至整體出現香氣與焦色。依照模具大小與形狀不同，烘烤的狀況也會改變，所以請依照各食譜指定的時間操作。

若一開始就沒有鋪好塔皮，烤完之後側面就會塌陷。另外，若加入太多杏仁奶油餡，可能會造成上面凸起或內餡溢出的情況。

13　待放涼之後，稍微傾斜即可脫模。整個倒蓋反而會很難脫模，所以務必特別注意。

脫模與裁切的方法

就算基底組合得很好，一旦在蛋糕脫模或裁切時失敗也會前功盡棄，只要是做蛋糕的人一定都有這種經驗吧！勉強用菜刀切蛋糕使得奶油被擠出來、堆疊的層次變得亂七八糟、勉強脫模讓蛋糕裡的慕斯變得凹凸不平等等。這些都是在第一步就容易被忽略的步驟，然而，「脫模」、「裁切」卻是漂亮收尾的重點。請再次確認正確的作法吧！

加溫之後再脫模

在慕斯框裡的慕斯或巴伐利亞奶凍，只要維持冷卻狀態就會沾黏在慕斯框的內側。如果硬是脫模，就會使得成品凹凸不平、出現缺角，無法形成乾淨俐落的形狀。只要稍微對模具加溫，就能順利脫模了。

1 用熱毛巾加溫

將毛巾沾濕並徹底擰乾，摺成帶狀之後用微波爐加熱。取出毛巾時要小心，以免燙傷。在慕斯框外側裹上熱毛巾加溫，把毛巾移開之後垂直向上脫模即可。如果這樣還無法順利脫模，就再度以熱毛巾圍住慕斯框。若只有部分邊緣無法順利脫模，則只要加溫無法脫模的部分即可。

OK!

只要周圍稍微融解，就能輕易脫模。

2 用瓦斯槍加溫

脫模時，瓦斯槍是非常方便的工具，但由於火力太強，要注意燙傷或加溫過度的情形。盡量用最弱的火力靠近慕斯框邊緣，整體毫無遺漏地加溫後，將慕斯框垂直向上移開。若從慕斯或巴伐利亞奶凍上方加熱，或者對慕斯框加熱的時間過長，會導致慕斯過度融解變形，故須特別注意。訣竅在於「稍微加溫就嘗試脫模，無法脫模時再稍微加溫」。

NG!

用竹籤或刀具插入蛋糕與模具之間勉強脫模，就會使得蛋糕側面凹凸不平。

完美的裁切方法

裁切時建議使用鋸齒狀刀刃。如果是柔軟的慕斯，使用一般刀具也可以切得很漂亮，但像是Biscuit蛋糕體或者有夾水果的蛋糕，就很容易因擠壓而變形。使用鋸齒狀刀刃時，不需要用力，只要像用鋸子一樣輕輕前後移動，慢慢往下切即可。

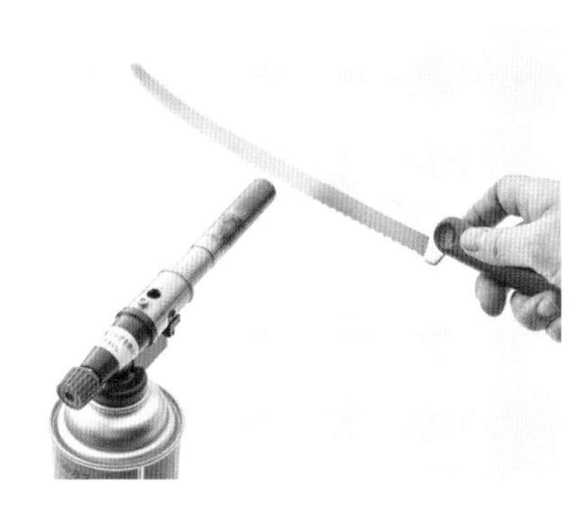

1 使用瓦斯槍或瓦斯爐的火焰稍微加熱刀刃。若加熱過度，在裁切時切面會因為融化而變形，所以訣竅在於「稍微」加熱就好。

2 裁切蛋糕時，不要壓壞切面，像使用鋸子一樣稍微往前後拉並垂直向下鋸。注意一定要確實切到底。

3 每次裁切都要用紙巾把刀刃擦乾淨再切下一塊。若刀刃上有沾黏碎屑，直接切下一塊蛋糕時，就會沾到邊緣。

NG!

未垂直向下切，導致切口呈傾斜狀，這是很常見的失敗範例。刀刃通常容易往身體中間偏（右撇子會朝左偏），故裁切時務必從正上方向下看，邊確認刀背是否垂直邊裁切。

NG!

未加熱刀刃，光用蠻力裁切，就算可以切好柔軟的奶油，也會被海綿蛋糕或水果卡住，導致切面下沉、顯得不整齊。刀刃未加溫也會讓上層的奶油沾到下層，讓切面看起來髒亂。

Part 6 製作蛋糕基底的訣竅

各種便利的工具

在此介紹各種有助於打造漂亮表層與切面的重要工具。

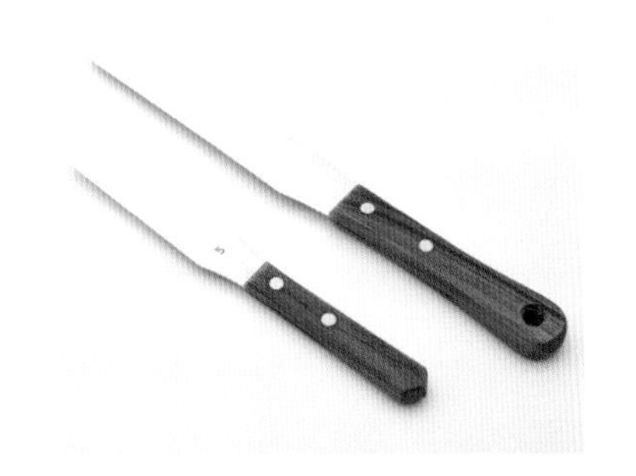

除此之外，也有彎成L型的抹刀。像是製作Biscuit蛋糕體等，需要大面積抹開麵糊時非常方便。

抹刀

將奶油抹平或塗在側面、製作慕斯與巴伐利亞奶凍時裝填模具等，抹刀都是不可或缺的工具。一般都會使用直型抹刀。若同時擁有一口蛋糕用的小尺寸抹刀會很方便。

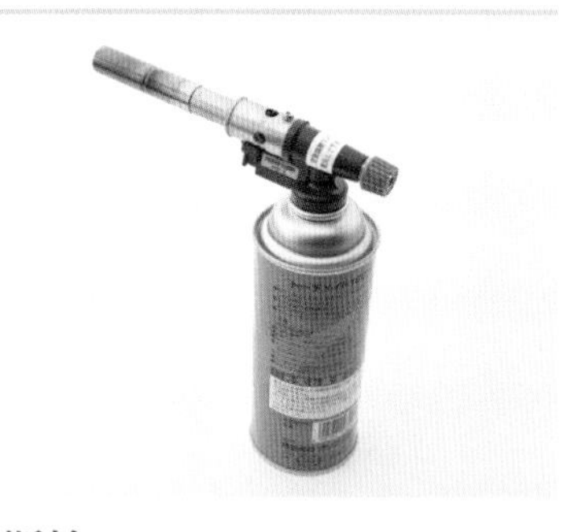

瓦斯槍

使用時須組合卡式瓦斯與點火裝置。用於脫模前加溫、在水果或蛋糕表面燒出焦糖膜等。請勿存放在易燃物附近。瓦斯槍在關火後，噴火口仍然炙熱，須小心燙傷。

花嘴

除了傳統的圓形、星形花嘴以外，還有蒙布朗花嘴與聖人泡芙花嘴，如果這些種類都備齊，就可做出更多不同設計的蛋糕。

鋸齒刀刃

能夠俐落地裁切Biscuit蛋糕體，讓成品有完美的切面。有一把小尺寸的鋸齒刀，可便於裁切水分多的水果與小片的Biscuit蛋糕體。

糖粉罐&濾茶網

糖粉罐用於Biscuit蛋糕體或成品需要灑糖粉裝飾的時候。灑糖粉的訣竅在於灑整片的時候離遠一點，灑局部的時候靠近一點。若沒有糖粉罐，也可以用濾茶網代替。濾茶網也可以用在過濾鏡面果膠或奶油等少量食材的時候。

巧克力裝飾的必要流程
學會如何調溫

在最後裝飾成品時，若加上細膩的巧克力裝飾，會讓蛋糕更有立體感，裝飾的花樣也會有更多變化。巧克力融解之後，並不會單純因為冷卻就恢復原來的硬度與光澤。想要打造漂亮的光澤，需要經過調溫的步驟。若未經過調溫或步驟不正確，就會讓巧克力無法從薄膜上剝離，甚至馬上融化，因此請務必學會如何調溫。

1 將巧克力切成粗顆粒，倒入鋼盆中。在鍋中煮熱水，待水沸騰冒泡便立刻轉小火，將鋼盆至於熱水上。偶爾翻攪巧克力，同時注意甜巧克力與黑巧克力適合以45～50度加溫，而牛奶巧克力與白巧克力適合以40～42度加溫。巧克力不耐高溫，若溫度過高就會燒焦變成粗糙的顆粒，無法融成滑順的巧克力。隔水加熱是最不容易失手的方法。

煮熱水的鍋子需使用與鋼盆直徑差不多的尺寸。鍋子過大會讓鋼盆不穩，可能會讓巧克力與蒸氣接觸，甚至滲入熱水。反之，若鋼盆過大，可能會從鍋子直接導熱，如此一來就失去隔水加熱的意義了。

2 在冷水中加入3～4顆冰塊，把整個鋼盆放在冷水上，用橡膠刮刀平穩地攪拌以冷卻巧克力。周圍開始冷卻，巧克力變得有黏性，出現小小的顆粒時，就可以把鋼盆從冷水上移開。

3 將鋼盆再度移回熱水上，這次要注意不可過度加溫，藉由攪拌整體讓巧克力融化。稍微隔水加熱之後就馬上移開，然後再隔水加熱一次，像這樣反覆操作幾次顆粒就會消失，當巧克力變得滑順之後就完成了。甜巧克力與黑巧克力所需溫度為31度，牛奶巧克力與白巧克力所需溫度為29度。若加溫過頭，就回到步驟**1**加溫的地方從頭開始吧！

秘訣

若想融解鋼盆周圍或橡膠刮刀邊緣變硬的巧克力、或者想融解少量巧克力時，用吹風機的熱風加溫十分方便，但要注意切勿過度加溫。

以慕斯或巴伐利亞奶凍塑形的蛋糕

使用圓框或矽膠模具的蛋糕，以慕斯與巴伐利亞奶凍最具代表性。只要有模具，任誰都可以做出一樣的形狀，但若未謹慎操作，就會造成表面出現巨大氣泡或者缺角，無法完美塑形。操作過程中，請特別注意調整慕斯或巴伐利亞奶凍至適中的硬度，並且務必將Biscuit蛋糕體確實舖滿模具。

組裝蛋糕的訣竅

填滿模具的角落

製作偏硬的慕斯或巴伐利亞奶凍時，小心不要讓食材出現氣泡，使用湯匙背面確實將慕斯塗滿模具。若邊緣與角落都能確實塗滿，就能打造出符合模具造型的外觀。

邊緣與角落很容易出現空洞，因此在倒入材料之前，需先用湯匙不留縫隙地塗滿整個模具。

確實舖滿Biscuit蛋糕體

需要在模具側面舖上Biscuit蛋糕體時，若蛋糕與模型之間出現空隙或蛋糕舖得太鬆，就會導致成品失敗。因此，務必確實測量模具的尺寸，再依照尺寸裁切Biscuit蛋糕體。裁切的訣竅在於尺寸需比模具稍大，才能完整舖滿側面。

Biscuit蛋糕體相接合的部分也要注意！若接合處沒有對齊就會使得分界線很顯眼，變得不美觀。

仔細脫模

就算入模很完美，但只要脫模失敗就等於前功盡棄。請參照第20頁的作法，小心脫模。不過根據蛋糕款式不同，脫模方法可能和平常不一樣，請務必確認各食譜之指示再進行操作。

譬如使用矽膠模具製作的慕斯、或者使用薄膜在表面裝飾巧克力花紋的蛋糕，脫模的方法就不太一樣。

清爽的優格檸檬慕斯裡，蘊含柔和酸味的草莓慕斯。微微透出草莓慕斯的粉色與表層的紅色果膠十分女性化，是一款透露著可愛春天氣息的一口蛋糕。打造漂亮蛋糕的秘訣，在於入模時須填滿三角形的角落，並切出俐落的邊緣。

Retty
蕾蒂

材料

單邊約6cm、高4cm變形三角形慕斯框4個的量

Biscuit蛋糕體

- 蛋白……1顆蛋的量
- 砂糖……30g
- 蛋黃……1個
- 低筋麵粉……30g

白慕斯

- 原味優格……75g
- 砂糖……25g
- 檸檬皮碎屑……1/3個檸檬的量
- 吉利丁粉……4g
  （加20g的水泡開）
- 鮮奶油（打至8分發）……80g

潘趣酒水（先混合好材料）

- 櫻桃利口酒……8g
- 水……15g

草莓慕斯

- 冷凍草莓果泥（事先解凍）……40g
- 砂糖……10g
- 檸檬汁……5g
- 吉利丁粉……1.5g
  （加7.5g的水泡開）
- 鮮奶油（打至8分發）……25g

覆盆子（冷凍的也可以）……4～6顆
鏡面果膠（非加熱式）……適量
覆盆子果醬（無果粒）……適量
草莓、覆盆子、紅醋栗……各適量
裝飾用巧克力……適量

作法

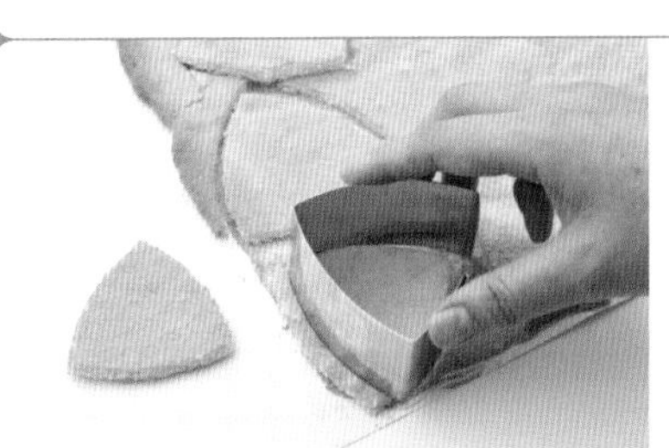

1　請參照第8頁的作法，製作26x18cm的片狀Biscuit蛋糕體。放涼之後用慕斯框裁下4片。Biscuit蛋糕體必須比慕斯框略小，所以壓裁時必須稍微移動位置。

2　將蛋糕體鋪在慕斯框的正中央，以毛刷刷上潘趣酒水。完成後再裁切4片內部用的3cm正方形蛋糕體。

3　製作白慕斯。在優格中加入砂糖與削好的檸檬皮碎屑。若摻進內側的白色果皮就會散發苦味，所以只能加入黃色果皮。

蛋糕體比慕斯框略小一點，脫模後從側面就看不見海綿蛋糕，能夠使成品外觀更加簡約大方。

4　將泡開的吉利丁以隔水或微波加熱的方式融解，邊攪拌邊加入調理盆。再將調理盆浸在冰水中，以增加稠度。

秘訣

增強濃稠度所做出的濃密慕斯，會比較容易塗在模框上。

5　鮮奶油打至8分發，分成2次加入並攪拌均勻。

6　分別在模框中倒入白慕斯30g。

秘訣

先加入少量慕斯，然後用湯匙前端將慕斯塞滿角落，最後再加入剩下的慕斯，這樣才不容易產生氣泡。

7　用湯匙背面把慕斯塗抹在模框上部。必須確實塗抹至模框邊緣。接著，將內部用的蛋糕體雙面皆塗抹潘趣酒水，並放置於正中央，輕輕下壓使蛋糕維持平坦。

秘訣

將慕斯塗抹至上半部，可防止氣泡進入側面或者露出內餡。若在步驟**4**沒有確實增加稠度，慕斯很可能會流出來，需注意。

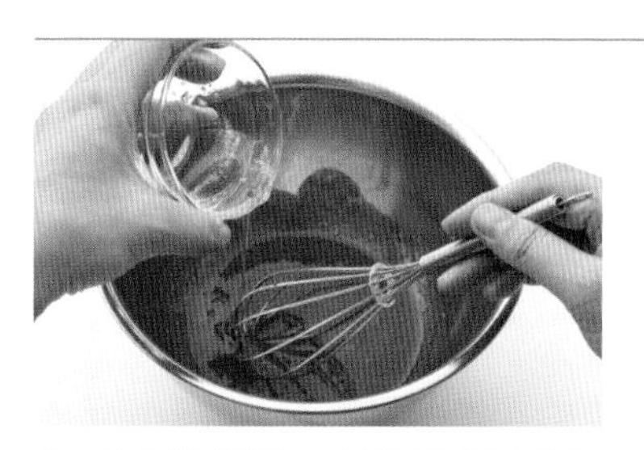

8　製作草莓慕斯。在草莓果泥中加入砂糖、檸檬汁。將泡開的吉利丁以隔水或微波加熱的方式融解，邊攪拌邊加入調理盆。然後將調理盆浸在冰水中，藉此增加稠度。

9　鮮奶油打至8分發，分成2次加入並攪拌均勻。

10　將草莓慕斯分成4等分，倒入正中間的凹洞並抹平表面。

11　稍微剁碎覆盆子，撒在慕斯上，然後輕輕壓進慕斯裡。使用冷凍覆盆子時，不需解凍可直接使用。

12　倒入剩下的白色慕斯，並確認邊緣都有塞滿。

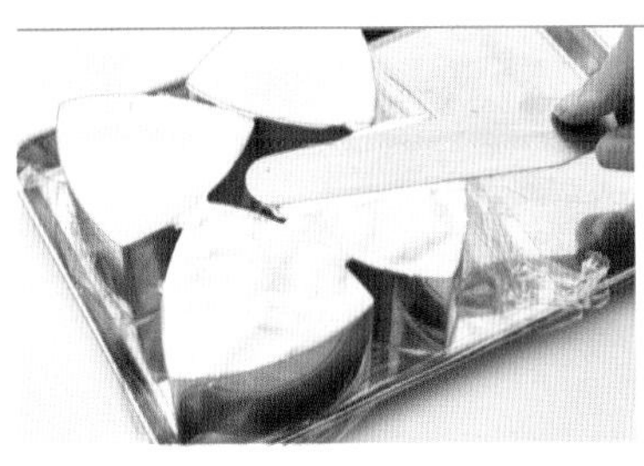

13 用抹刀抹平表面。放入冰箱冷藏凝固。

秘訣

確實抹平可防止邊緣出現缺角。

14 在表面抹上薄薄一層鏡面果膠。

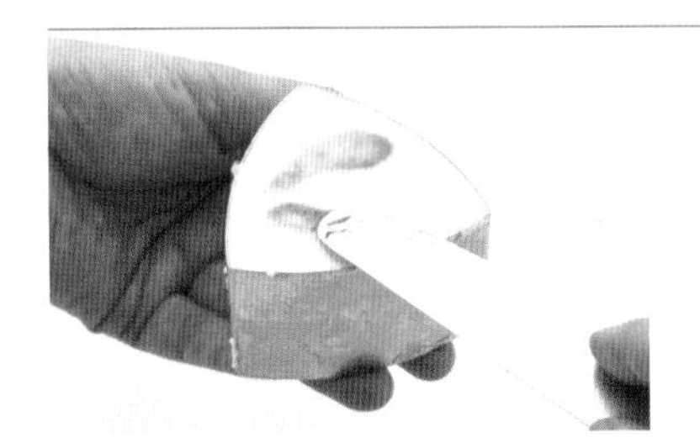

15 使用抹刀前端，在2～3處抹上覆盆子果醬增添色彩。

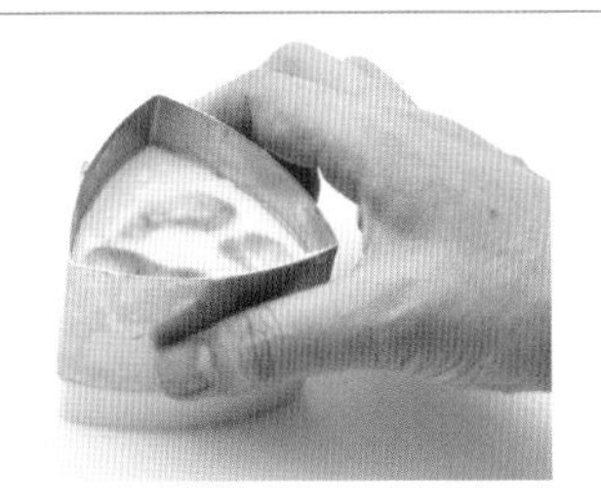

16 請參照第20頁的作法，在慕斯框周圍加溫後再脫模。

17 裝飾上對半切的草莓、覆盆子、紅醋栗，再加上巧克力點綴就完成了。

裝飾用巧克力的作法

1

請參照第23頁的作法將白巧克力調溫。以湯匙背面沾附巧克力，並抹在蛋糕玻璃紙上（裁切成帶狀的透明玻璃紙也可以），將湯匙往自己的方向拉。

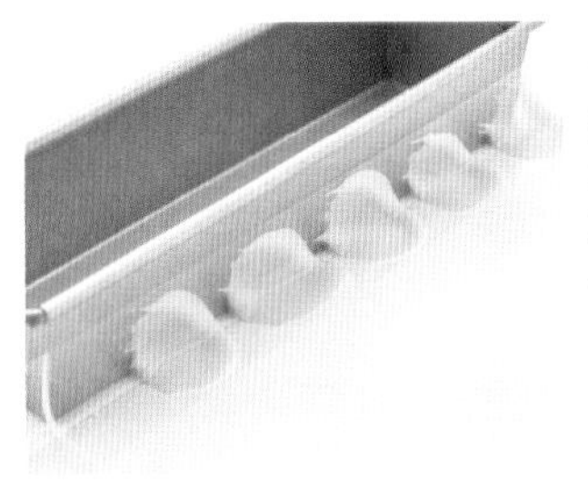

2

趁巧克力尚未凝固時，將玻璃紙靠在箱子等立體的東西上，就可以在彎曲的狀態下凝固。最後放入冰箱保存即可。

Variation

蛋糕造型

亦可使用直徑12cm、高5cm的圓形模框，以等量的食譜製作蛋糕。就像製作三角形的一口蛋糕一樣，底部的蛋糕體必須比模框略小一圈，內部用的蛋糕體則略小兩圈，以從外層看不到海綿蛋糕為原則。側面則裝飾第45頁示範的巧克力作為點綴。

SA-NA

莎娜

這是一款可展現Biscuit蛋糕體線條的一口蛋糕。酸酸甜甜的檸檬慕斯搭配風味細膩的荔枝慕斯，中間夾著酸味強烈的檸檬奶油增加層次感。以水果與香草裝飾，口感與外觀都十分清爽，帶有夏日氣息。為避免荔枝慕斯流入海綿蛋糕層，必須製作成偏硬的質地。

材料

直徑5.5cm、高5cm圓形慕斯框4個的量

Biscuit蛋糕體

- 蛋白……1顆蛋的量
- 砂糖……30g
- 蛋黃……1個
- 低筋麵粉……30g
- 糖粉……適量

防潮糖粉……適量

檸檬奶油

- 檸檬汁、檸檬皮……各1/2顆的量
- 砂糖……25g
- 蛋黃……1個
- 蛋白……25g

檸檬慕斯

- 檸檬奶油……使用左列的50g
- 吉利丁粉……2g
（加10g的水泡開）
- 鮮奶油（打至8分發）……40g

荔枝慕斯

- 冷凍荔枝果泥（解凍備用）……75g
- 砂糖……25g
- 吉利丁粉……4g
（加20g的水泡開）
- 鮮奶油（打至8分發）……50g

鏡面果膠（非加熱式）……適量

無花果、藍莓、切碎的開心果、香芹……各適量

作法

1　參照第8頁的步驟烤出Biscuit蛋糕體。這裡使用7mm的花嘴，分別擠出側面用的13×18cm長方形，以及底部用的直徑6cm圓盤。只有側面用蛋糕，以濾茶網撒上大量糖粉，在190度的烤箱烤8～10分鐘。烤好後放涼備用。

秘訣

擠側面用麵糊時，參照第9頁的作法，擠出間隔剛好相連的線條。線條的粗細與厚度必須固定。

2　將側面用蛋糕體裁切成4片3×16cm的帶狀蛋糕。底部用的蛋糕，則以直徑4cm左右的模框壓模。

3 在烘烤面撒上一些防潮糖粉，並將烘烤面朝外，放入模框中。小心不要傷到Biscuit蛋糕體的表面。

秘訣

撒上防潮糖粉會比較容易入模，且脫模時也更輕鬆。

4 確認蛋糕連接處確實對齊後，可從內側輕壓貼合模框。

5 將墊底用的Biscuit蛋糕體確實壓到模框底部。

6 製作檸檬奶油。在調理盆中加入削好的檸檬皮屑、檸檬汁、砂糖、蛋黃、蛋白，整體攪拌均勻。一邊以小火隔水加熱，一邊攪拌。檸檬皮只能使用黃色部分的表皮。

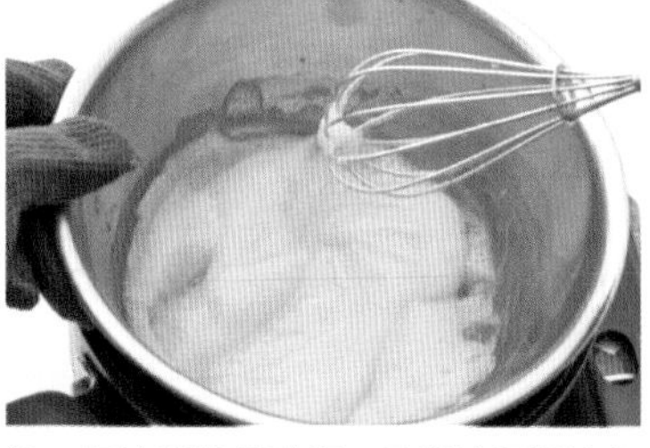

7 奶油漸漸變濃稠，用攪拌器攪拌會留下痕跡。待慕斯已經出現有彈性的硬度之後，即可從熱水上移開。

8 用濾茶網濾掉細小的結塊與固狀物，放涼備用。

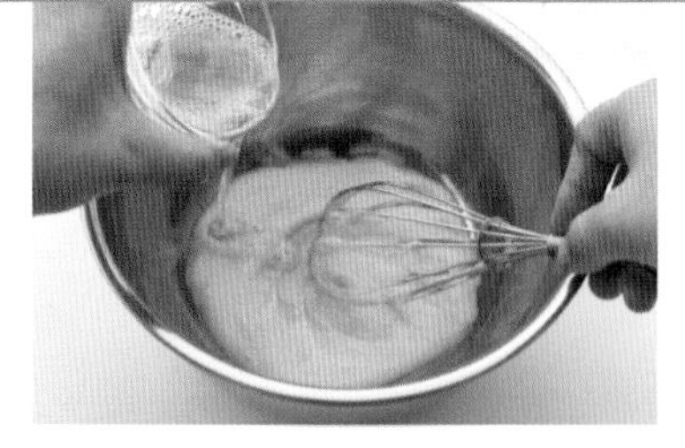

9 製作檸檬慕斯。使用50g的檸檬奶油，加入以隔水或微波加熱融化的吉利丁並攪拌均勻。

10 加入打至8分發的鮮奶油，並充分攪拌均勻。

11 將檸檬慕斯填入步驟**5**的模框中，直到與蛋糕體等高。

秘訣

小心不要讓檸檬慕斯沾到模框內側。若不小心沾到，就用紙巾擦拭乾淨。

12 將剩下的檸檬奶油分別盛裝3g在正中間，並輕輕下壓。完成後放入冰箱冷藏。

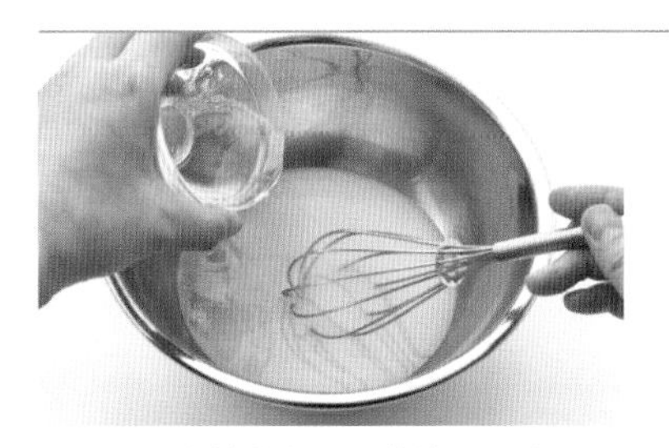

13 製作荔枝慕斯。在荔枝果泥中加入砂糖。以隔水或微波加熱融化吉利丁後，邊攪拌邊加入吉利丁。

14 將調理盆浸在冰水中，增加稠度。

秘訣

為了製作具有濃稠度的慕斯，必須增加果泥的稠度。

15 分2次加入打至8分發的鮮奶油，並攪拌均勻。

秘訣

必須徹底增加濃稠度。若沒有達到這個濃稠度，慕斯很容易就會流進模框與海綿蛋糕之間，而無法打造出漂亮的蛋糕。

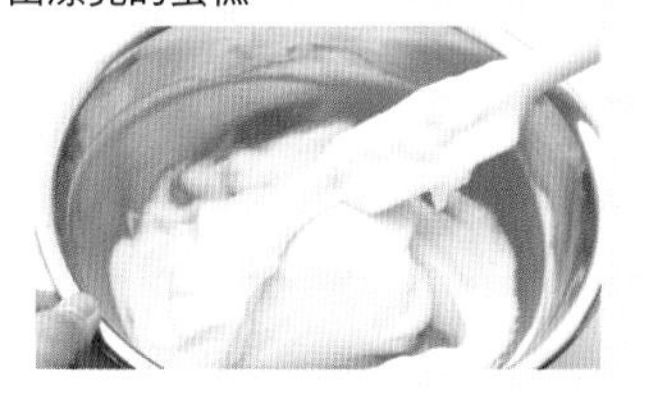

16 將荔枝慕斯一半的量倒入模框中，用湯匙背面徹底將慕斯抹至模框邊緣。

秘訣

藉由用湯匙塗抹，可防止氣泡跑進側面。

17 將剩下的荔枝慕斯倒入模框抹平，用抹刀壓整成型。完成後放入冰箱冷藏。

秘訣

確實抹平以免邊緣出現缺角。

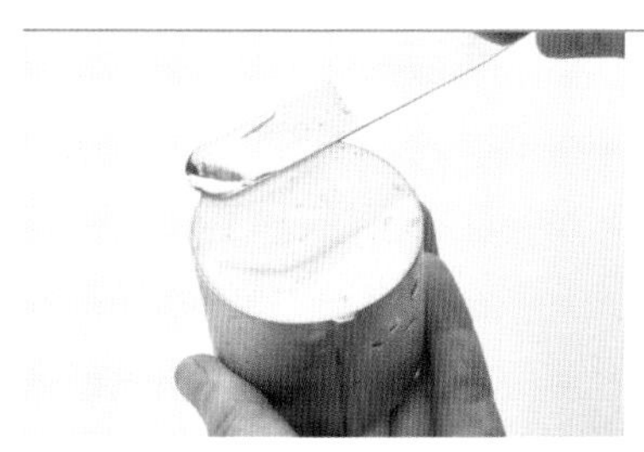

18 在表面塗上鏡面果膠。

19 請參照第20頁的步驟，將模框周圍加溫後再脫模。讓慕斯的部分融解就可以脫模，所以只需加溫上半部。

20 以無花果切片、藍莓、切碎的開心果、香芹做裝飾。

在Biscuit蛋糕體上撒滿覆盆子送進烤箱，表面塗上豔紅的鏡面果膠，給人一種華麗的印象。中間有溫和甘甜的蜂蜜慕斯與酸味強烈的覆盆子慕斯分兩層相疊。其中又添加覆盆子果實，讓口感更有層次。加入覆盆子的Biscuit蛋糕體很容易黏在模框上，也不易裁切，所以請在表面灑上防潮糖粉後再操作。

Artice

阿提斯

材料

直徑12cm、高5cm圓形慕斯框1個的量

Biscuit蛋糕體
- 蛋白……1顆蛋的量
- 砂糖……30g
- 蛋黃……1個
- 低筋麵粉……30g
- 冷凍覆盆子……適量

防潮糖粉……適量

蜂蜜慕斯
- 牛奶……55g
- 砂糖……10g
- 蛋黃……1個（小）
- 吉利丁粉……3g
  （加15g的水泡開）
- 蜂蜜……20g
- 鮮奶油（打至8分發）……50g

冷凍覆盆子（不解凍）……30g

潘趣酒水（先混合好材料）
- 水……15g
- 櫻桃利口酒……10g

覆盆子慕斯
- 冷凍覆盆子果泥（解凍備用）……75g
- 砂糖……20g
- 吉利丁粉……3g
  （加15g的水泡開）
- 鮮奶油（打至8分發）……45g

鏡面果膠（非加熱式）……20g
覆盆子果醬（無果粒）……20g
李子（桃駁李）、覆盆子、冷凍紅醋栗……各適量
金粉……適量

*李子可以用季節性水果代替。
*金粉是指將糖粉染上金色食用色素的粉末。

作法

1　請參照第8頁的步驟，將麵糊抹成22×24cm的片狀，並灑上剝碎的冷凍覆盆子。以190度的烤箱烘烤8～9分鐘。

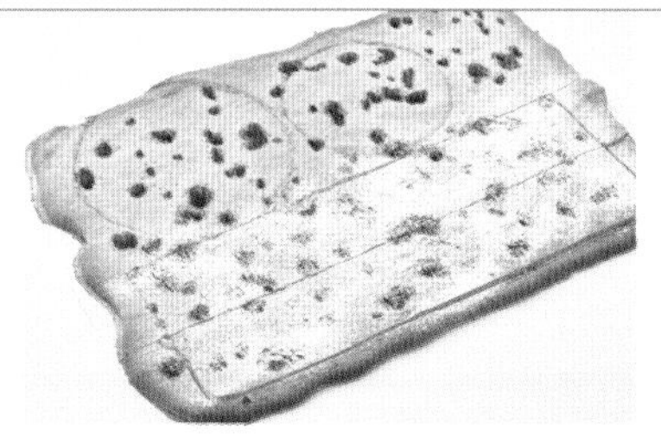

2　待蛋糕放涼之後，在半片蛋糕上輕輕灑下防潮糖粉，在撒有糖粉的這一側，切下2片4.5cm寬×19cm長的帶狀蛋糕。未撒上糖粉的另一側，則分別裁切出直徑11cm（底部用）、9cm（中間用）的圓形。

秘訣

烤過的覆盆子很容易沾黏，不容易裁切，防潮糖粉可當作手粉使用。若在底部及中間用的蛋糕上撒防潮糖粉，蛋糕就不易吸收潘趣酒水，所以不要撒在這兩個部分。

3　在側面用的蛋糕體上，再度撒上防潮糖粉，放入模框中。

秘訣

防潮糖粉可防止Biscuit蛋糕體沾黏在模框上。要將Biscuit蛋糕體略為塞緊，並注意接合處是否位移。

4　將底部用蛋糕體的烘烤面朝上，平鋪於底部。

5　底部、側面的內側分別用毛刷刷上潘趣酒水。

6　準備製作安格斯醬，再將醬汁做成蜂蜜慕斯。在小鍋中加入牛奶與一半的砂糖，煮至沸騰。將剩下的砂糖與蛋黃放入調理盆攪拌，再加入一半煮沸的牛奶並攪拌均匀。將所有食材倒回小鍋中，整體攪拌均匀之後開小火加熱。一邊攪拌一邊加熱。

7　待醬汁呈現像濃湯一樣有些微稠度時即可關火。此時加入泡開的吉利丁粉，以餘熱融解。

8　在調理盆中加入蜂蜜，倒入步驟**7**的醬汁，充分拌匀整體。將調理盆浸在冰水中降溫，以增加濃稠度。

9　分2次加入打至8分發的鮮奶油，整體攪拌均匀。倒入步驟**5**的模框中，並抹平慕斯。整體撒上冷凍覆盆子，將覆盆子向下壓至與慕斯等高。覆盆子不需解凍，直接使用。

10　中間用蛋糕體的烘烤面要塗抹潘趣酒水，再翻到背面平鋪在慕斯上。向下壓至與慕斯等高，背面也塗上潘趣酒水。

11　製作覆盆子慕斯。在覆盆子果泥中加入砂糖。以隔水或微波加熱融化吉利丁後，邊攪拌邊加入吉利丁。

12 將整個調理盆浸在冰水中降溫，使果泥增加稠度。

13 分2次加入打至8分發的鮮奶油並攪拌均勻。

秘訣

黏性強、稠度高的慕斯，可以防止慕斯流進模框與蛋糕體之間。

14 在步驟**10**的上方倒入覆盆子慕斯一半的量，用湯匙背面徹底將慕斯抹至模框邊緣。

秘訣

塗抹時避免產生缺角、側面出現氣泡，並仔細確認是否確實塗滿邊緣。

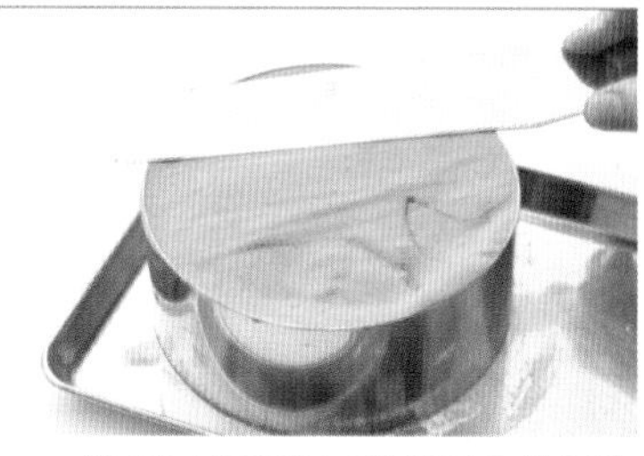

15 將剩下的覆盆子慕斯倒入模框抹平。用抹刀壓整成型，抹平表面，完成後放入冰箱冷藏凝固。

16 將鏡面果膠與覆盆子果醬充分攪拌均勻之後，用濾茶網過濾。

17 以抹刀在表面均勻塗上鏡面果膠。

18 請參照第20頁的步驟，只加熱模框上半部，並輕輕脫模。放上切成扇狀的李子薄片、覆盆子、冷凍紅醋栗裝飾。用細頭毛筆筆尖沾取少量金粉，輕敲筆身將金粉撒在表面。

Variation

用莓果裝飾

製作相同的基底，薄薄塗上一層透明的鏡面果膠。將覆盆子果醬與等量的鏡面果膠混合，並用已過篩的紅色果膠為蛋糕上色，再加上覆盆子、冷凍紅醋栗、金粉、金箔裝飾。

苦甜巧克力慕斯搭配溫和的牛奶巧克力奶油，中間藏著西洋梨。基底是可可風味的甜塔皮。薄烤派皮特有的香脆輕巧口感與芬芳風味，提出整體甜味。由於這款蛋糕的慕斯側面是整個外露，所以必須特別注意不可出現大氣泡。

Rani

朗尼

材料

直徑6cm、高3cm圓形慕斯框4個的量
（以及甜塔皮用的直徑7.5cm菊花形塔模）

巧克力甜塔皮

- 糖粉……25g
- 低筋麵粉……60g
- 可可粉……12g
- 無鹽奶油……35g
- 蛋黃……1個

裝飾紋樣用巧克力

- 可可含量65%的黑巧克力……約20g

巧克力慕斯

- 牛奶……70g
- 砂糖……20g
- 蛋黃……1個
- 吉利丁粉……2g
（加10g的水泡開）
- 可可含量65%的黑巧克力（切碎備用）……50g
- 鮮奶油（打至7分發）……65g

牛奶巧克力香緹奶油

- 可可含量40%的牛奶巧克力（切碎備用）……30g
- 鮮奶油（打至7分發）……30g

西洋梨（罐頭，切成8mm丁狀）……40g
鏡面果膠（非加熱式）……適量
即溶咖啡……適量

蜜堅果

- 砂糖……25g
- 水……適量
- 核桃、杏仁、榛果、開心果等……共30g

*巧克力的紋樣可以使用有凹凸形狀的鋸齒刮板製作。在烘焙用品店等商店就可以買到。

事前準備

請參照第18頁的步驟，製作巧克力甜塔皮。
這份食譜中，低筋麵粉與可可粉須一起加入。完成後放在冰箱備用。

作法

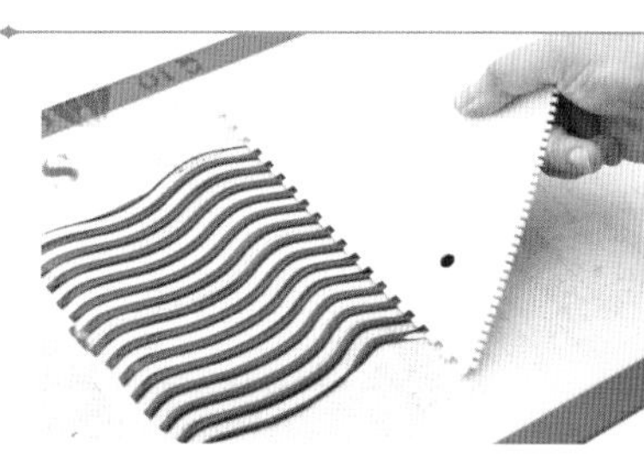

1　製作巧克力的紋樣。將透明玻璃紙裁切成適當大小，鋪在矽膠烘焙墊或砧板上，且需緊密貼合底墊。薄薄地抹開隔水加熱融解的巧克力，再用鋸齒刮板劃出和緩的曲線。

2　將玻璃紙輕巧地移到托盤上，放置於冰箱中等待巧克力凝固。將模框聚集放在巧克力紋樣上，再從模框上方確實下壓，連同模框一起放進冰箱冷藏。

秘訣

若能確實用力下壓固定，之後塞進慕斯的時候就不會從模框下方漏出來。

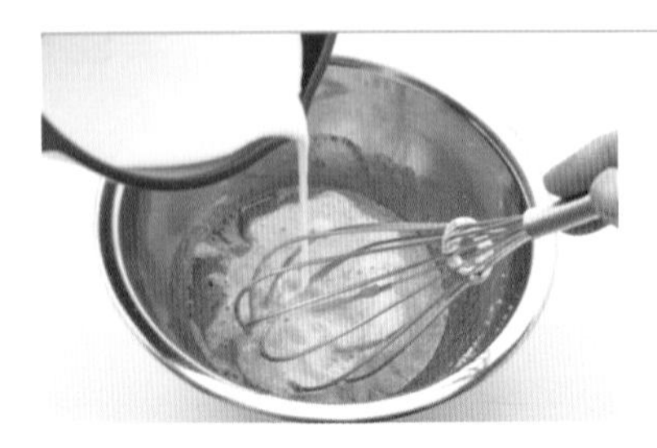

3　製作巧克力慕斯。在小鍋中加入牛奶與一半的砂糖，煮至沸騰。將剩下的砂糖與蛋黃放入調理盆攪拌，再加入一半煮沸的牛奶攪拌均勻。

4　將所有食材倒回小鍋中，整體攪拌均勻之後開小火加熱。以耐熱橡膠刮刀一邊攪拌一邊加熱。待呈現像濃湯一樣有些微稠度時即可關火。此時加入泡開的吉利丁粉，以餘熱融解。

5　在調理盆中加入切碎的黑巧克力，分2次加入步驟**4**的醬汁，每次加入時都必須充分攪拌均勻，使巧克力融解。

6　將整個調理盆浸在冰水中，攪拌至出現稠度為止。

秘訣

若降溫不足，就會導致慕斯太軟而從模框下方漏出來，側面也無法抹得漂亮。

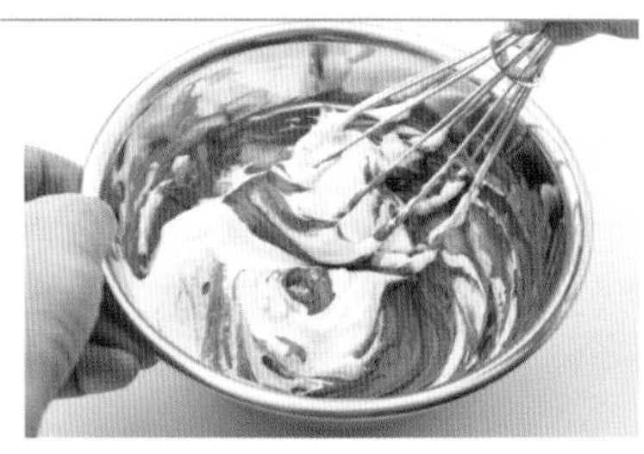

7　分2次加入打至7分發、略為柔軟的鮮奶油，充分攪拌均勻。

8　製作牛奶巧克力香緹奶油。隔水加熱融解牛奶巧克力，並將溫度調整至微溫的程度。分2次加入打至7分發的鮮奶油，並充分攪拌均勻。

9　將事先準備好的慕斯模框從冰箱拿出來，分別倒入30g的巧克力慕斯。用湯匙背面將慕斯抹在模框側面。必須確實塗抹至邊緣。

秘訣

事先將側面抹好，可防止出現氣泡。

10　西洋梨瀝去水分，切成丁狀，放在步驟**9**的中央處並輕輕下壓。分別在每個模框正中間加入15g的牛奶巧克力香緹奶油，抹平備用。

11　將剩下的巧克力慕斯倒入模框中，用抹刀抹平表面。完成後放入冰箱冷藏凝固。

12 在烘焙紙上，邊灑手粉（標示分量外）邊用擀麵棍擀開巧克力甜塔皮。到厚度約為2～3mm的時候，即可放入冷凍庫中，讓麵團收縮。先從烘焙紙上剝開，再重新放回紙上，以直徑7.5cm的菊花形模框迅速壓出4片塔皮。

13 將塔皮舖在另一張烘焙紙上，以叉子在塔皮表面戳洞。用180度的烤箱烘烤9～10分鐘。

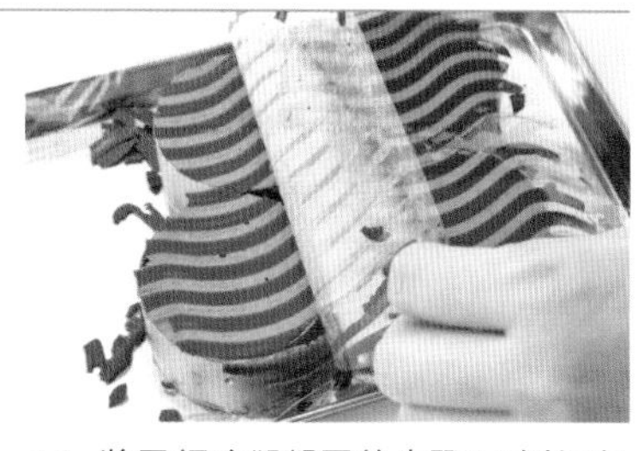

14 將已經冷卻凝固的步驟**11**倒扣在鍋盤上，沿著紋樣的方向一鼓作氣撕除玻璃紙。若未能徹底凝固，巧克力紋樣就會整片連著玻璃紙被撕除，所以必須特別小心。

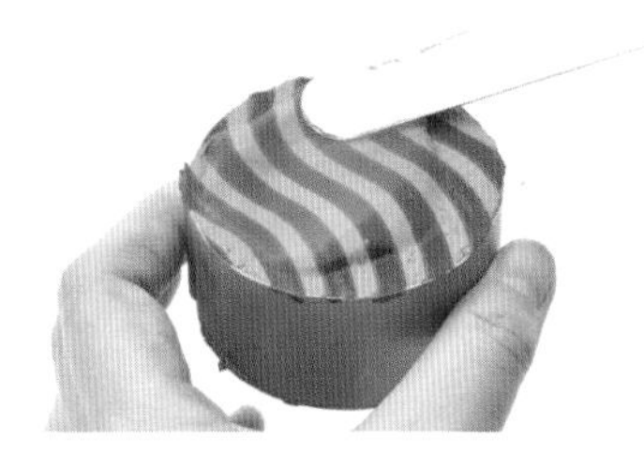

15 以抹刀在表面薄塗一層鏡面果膠。

16 在即溶咖啡中一滴一滴加水，調整到剛好可以溶解的濃度。再以抹刀任意抹上咖啡液體，藉此製造花樣。

17 請參照第20頁的步驟加熱模框，將慕斯放在冷卻後的巧克力甜塔皮上。脫模時小心不要動到正面的紋樣。

有巧克力紋樣的部分很難脫模，建議使用瓦斯槍加熱。

18 製作蜜堅果。在小鍋中加入砂糖25g以及砂糖可吸收的少量水分，開火加熱。待水分沸騰、糖漿收乾且出現黏性之後，就可以關火並加入堅果。

19 馬上攪拌，讓糖漿沾附在堅果上，並持續攪拌。待糖漿轉白凝固、結構變得鬆散之後，就移到烘焙紙上放涼。

20 裝飾在步驟**17**上就完成了。

可可Biscuit蛋糕體中夾著焦糖巧克力奶油，上面是圓頂造型的椰子慕斯。這是一款造型饒富趣味、令人印象深刻的一口蛋糕。與可可、焦糖、椰子都很搭的香蕉夾在中間，讓蛋糕更有整體感。注意Biscuit蛋糕體清晰的縱向線條、慕斯的滑順表面、Biscuit蛋糕體與慕斯的水平組合，就可以打造出漂亮的成品。

Monart

摩納爾

材料

直徑6cm、高3cm圓形慕斯框4個的量
（以及慕斯用的直徑6cm矽膠製圓頂模具）

椰子慕斯

椰奶粉……25g
砂糖……20g
牛奶……40g
吉利丁粉……3g
（加15g的水泡開）
鮮奶油（打至8分發）……60g

香蕉……1小根

巧克力Biscuit蛋糕體

蛋白……1顆蛋的量
砂糖……30g
蛋黃……1個
低筋麵粉……27g
可可粉……5g
椰子粉……適量

防潮糖粉……適量

焦糖奶油

砂糖……16g
水……少許
鮮奶油……20g
吉利丁粉……1g
（加5g的水泡開）
可可含量40%的牛奶巧克力（切碎備用）
……10g
鮮奶油（打至8分發）……40g

潘趣酒水（先混合好材料）

蘭姆酒……10g
水……15g

裝飾用香蕉……適量
鏡面果膠（非加熱式）……適量
組裝用鮮奶油（打至8分發）……約20g
防潮糖粉、裝飾用巧克力……各適量

＊少量的鮮奶油很難打發，所以可將慕斯、奶油、組裝用鮮奶油一起打至8分發，然後再分配需要的量。

作法

1　製作椰子慕斯。將椰奶粉與砂糖充分攪拌，慢慢倒入牛奶溶解粉末。接著，加入以隔水或微波加熱融化的吉利丁並攪拌均勻。

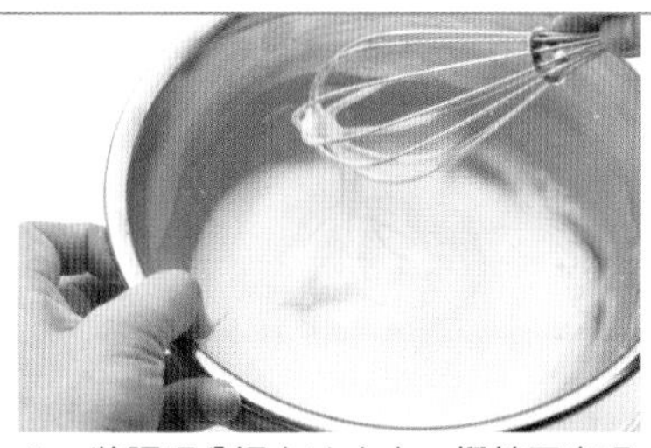

2　將調理盆浸在冰水中，攪拌至出現稠度為止。

秘訣

降溫至出現濃稠度後，會比較容易塗抹在模框上。

3　分2次加入打至8分發的鮮奶油。

4　在圓頂模中倒入一半的量，用湯匙背面將慕斯塗抹至圓頂模側面，並確實切齊邊緣。

秘訣

確實塗抹才能避免脫模時表面出現氣泡。若步驟**2**未能充分冷卻，慕斯就會太軟，就算有確實塗抹在模框上也會往下流。

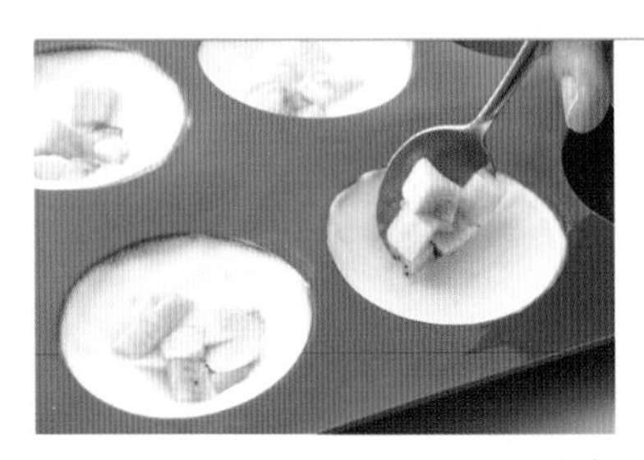

5　香蕉切成8mm的丁狀，在凹陷處放入一半的量並輕輕壓進慕斯裡。剩下的香蕉稍後再使用。

6　將剩下的椰子慕斯倒入圓頂模並抹平。在冷凍庫中冷卻至完全凝固為止。

秘訣

矽膠模脫模時必須是完全冷凍的狀態，光是冷藏無法脫模。

7　參照第8頁的步驟製作巧克力Biscuit蛋糕體。這份食譜是加入低筋麵粉和可可粉製作。使用7mm的花嘴，擠出1片側面用的20×14cm長方形，並用剩下的麵糊，擠出4個底部用的直徑4.5cm圓形。側面用蛋糕整面撒上椰子粉，用一樣的方式烘焙。將側面用的蛋糕切成4條18×3cm的帶狀，並撒上防潮糖粉。圓形蛋糕體則以直徑4.5cm的模框壓製成4片底部用的部分。

8　請參照第32頁的步驟**3～5**，將蛋糕舖於模框的側面與底面。

秘訣

按照尺寸筆直裁切海綿蛋糕，注意接合處不可位移，確實舖好蛋糕。尤其是脫模後看得到的部分，更要仔細操作。

9　製作焦糖奶油。在小鍋中加入砂糖與少量的水，開中火加熱至砂糖變成深咖啡色。必須確實將砂糖煮焦，否則無法產生焦糖風味。

10　加入用微波加熱過的鮮奶油，攪拌均勻，製作焦糖醬汁。須小心避免燙傷。加入用水泡開的吉利丁粉，以餘熱融解粉末。

11 趁熱將焦糖奶油加入盛有牛奶巧克力的調理盆中，充分攪拌使巧克力融化。在常溫下放涼備用。

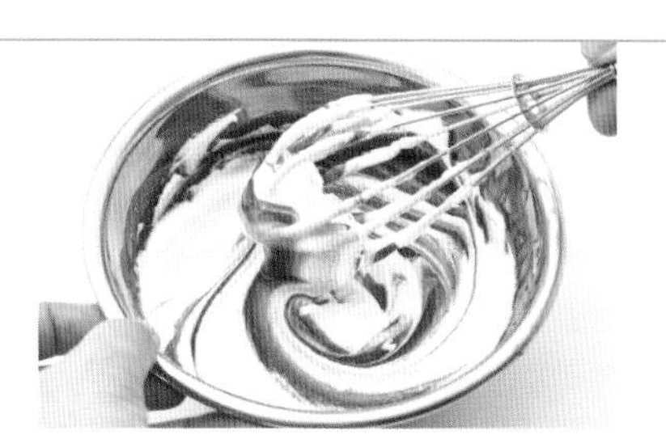

12 與打至8分發的鮮奶油混合。

13 在步驟**8**的側面與底面，以毛刷輕輕刷上潘趣酒水。倒入一半的焦糖奶油，並放上剩下的8mm丁狀香蕉，向下輕壓。將剩下的焦糖奶油倒至切齊蛋糕邊緣，用湯匙背面抹平之後冷卻凝固。

14 將裝飾用的香蕉切成厚7mm的圓片，放在托盤等容器背面，以瓦斯噴槍烤出焦色。請使用加熱變形也無所謂的托盤操作。

15 放涼之後，用抹刀在表面塗上鏡面果膠。

16 將冷凍的椰子慕斯從下面往上推，以便脫模。若慕斯融化就很難脫模，所以必須一鼓作氣將慕斯脫模。將步驟**13**的框模移開。這裡不用加溫模框也可以脫模。

17 用抹刀塗上少量組裝用的鮮奶油至巧克力蛋糕上，讓椰子慕斯與蛋糕貼合。

18 在椰子慕斯上均勻撒上防潮糖粉，最頂端抹上一點組裝用的鮮奶油，將步驟**15**的香蕉黏在頂端。最後插上2片巧克力裝飾即可。

秘訣

把鮮奶油當作黏糊使用，就能讓蛋糕整體更穩定。組裝時要注意對齊位置。

裝飾用巧克力的作法

請參照第23頁的步驟，為白巧克力調溫。用湯匙背面的前端沾上巧克力，然後壓在蛋糕膜（或裁切好的透明玻璃紙也可以）上，將湯匙往身體方向拉。待巧克力凝固後，放置冰箱保存。

Sarielis

莎莉艾利

在濃醇的起司慕斯中添加柳橙的香氣。覆盆子果凍與果實的搭配，打造出清新香氣與酸味，口感清爽宜人。使用模框的蛋糕，外觀往往都大同小異，若能活用慕斯框以外的模框，外觀造型就會更多采多姿。這份食譜當中，慕斯使用矽膠製模型冷凍以凝固成型。

材料

直徑7cm矽膠製軟模4個的量
（以及甜塔皮用的直徑8cm橢圓菊花形模框）

起司慕斯

奶油乳酪	60g
砂糖	20g
牛奶	25g
柳橙皮碎屑	1/6顆的量
吉利丁粉（加15g的水泡開）	3g
鮮奶油（打至5分發）	50g

甜塔皮
（只使用一半的量）

糖粉	25g
低筋麵粉	60g
無鹽奶油	35g
蛋黃	1個

覆盆子果凍

冷凍覆盆子果泥（解凍備用）	30g
砂糖	3g
吉利丁粉（加5g的水泡開）	1g

君度酒奶油

鮮奶油（打至8分發）	60g
砂糖	5g
君度酒	3g

覆盆子、冷凍紅醋栗	各適量
裝飾用巧克力（請參照第45頁的作法）	適量

作法

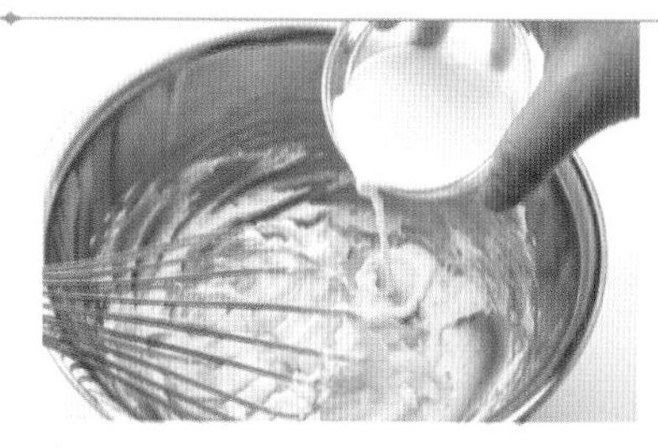

1　製作起司慕斯。靜置奶油乳酪直到恢復常溫，攪拌至呈現霜狀。依序加入砂糖、牛奶，每次加入食材都必須充分拌勻。

2　削入柳橙表皮。白色部分帶有苦味，小心不要一起削入調理盆中。將泡開的吉利丁以隔水或微波加熱的方式融解，邊攪拌邊加入調理盆。

3　將鮮奶油打至5分發。大概是撈起來會滴滴答答往下流的程度。

4　分2次加入步驟**2**並充分攪拌均勻。

秘訣

加入柔軟的鮮奶油，可打造出滑順濃醇的口感。

5　倒入矽膠製模具中，直到液體切齊邊緣。將表面抹平之後，放入冷凍庫徹底冷凍。

秘訣

矽膠製模框必須在完全冷凍的狀態下才能脫模，所以不能冷藏。

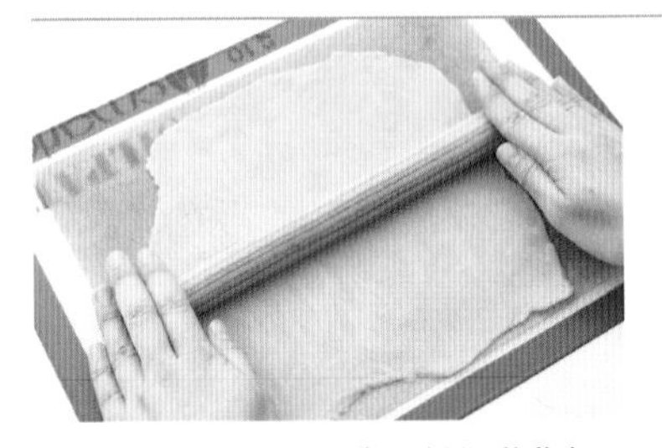

6　請參照第18頁的步驟製作甜塔皮，而這份食譜只使用一半的量。做好之後把麵團放在烘焙紙上，邊灑手粉（標示分量外）邊將麵團擀成2～3mm厚。

7　連同烘焙紙一起把塔皮送進冷凍庫，讓麵團收縮。先從烘焙紙上剝開，再重新放回紙上，以直徑8cm的橢圓菊花形模框迅速壓出4片塔皮。將塔皮鋪在另一張烘焙紙上，以叉子在塔皮表面戳洞。

8　用180度的烤箱烘烤10分鐘左右，靜置放涼。

9　製作覆盆子果凍。在覆盆子果泥中加入砂糖，接著再倒入以隔水或微波加熱泡開的吉利丁攪拌均勻。

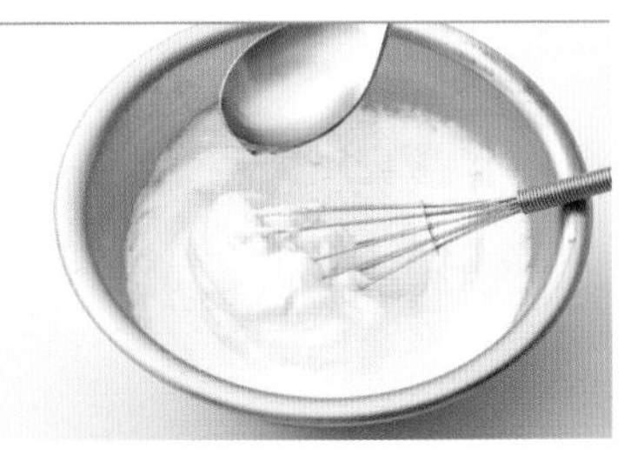

10　製作君度酒奶油。在打至8分發的鮮奶油中加入砂糖、君度酒攪拌均勻。

11　繼續打發至鮮奶油呈現尖角站立為止。

12　將完全冷凍的起司慕斯從下面往上推，以便脫模。若融化就很難脫模，所以必須一鼓作氣脫模。

13 用抹刀在步驟**8**的塔皮上抹一點君度酒奶油，以便固定起司慕斯。

秘訣

把鮮奶油當作糨糊使用，慕斯會完美貼合而且穩定。注意必須將起司慕斯放在正中間。

14 用湯匙在正中間的凹洞倒入液狀的覆盆子果凍。小心不要滴到其他地方。果凍倒入凹洞之後就會開始冷卻凝固。

15 趁果凍還未完全凝固時，放上剝碎的覆盆子，並輕輕壓進果凍中。

16 使用裝有八齒形花嘴（9號）的擠花袋，把君度酒奶油裝進花袋中，將奶油擠成可以蓋住果凍的螺旋狀。不要過度壓迫花嘴，而是要擠出看起來有分量的鬆軟奶油。

17 加上覆盆子、冷凍紅醋栗、裝飾用巧克力點綴。

Variation

將果凍放在蛋糕中間

1

在直徑6cm的慕斯框中倒入一半的起司慕斯，並且在正中間挖一個凹洞，放上覆盆子果凍與剝碎的覆盆子果實。把剩下的起司慕斯水平倒進模框中，完成後冷藏等待凝固。

2

放在直徑7.5cm的圓菊形塔皮上，用6mm的花嘴從中間擠出漩渦狀圓盤。撒上防潮糖粉，以水果、食用玫瑰（食用花）裝飾。

奶油與Biscuit蛋糕體層層堆疊的款式

奶油與Biscuit蛋糕體層層堆疊的款式，可以同時品嘗到各種口感與風味，不只可以享受豐富的美味，漂亮的切面也獨具魅力。製作平坦蛋糕層的秘訣在於徹底執行「每一層都仔細舖平」。這一句話雖然簡單，但是要烤出厚度均等的蛋糕、讓奶油維持絕佳狀態並且抹得平整，其實出乎意料地困難。讓我們一起回顧各工序的秘訣，確實地操作吧！

組裝蛋糕的訣竅

靈巧地製作奶油夾心

在Biscuit蛋糕體中間夾奶油時，每一層都要確實抹平奶油並將蛋糕鋪平。然而，用抹刀抹奶油太多次，反而會使奶油分解或者變硬，所以靈巧地抹奶油非常重要。

慕斯或巴伐利亞奶凍要等表面凝固之後再疊上Biscuit蛋糕體

在慕斯或巴伐利亞奶凍還是液態時疊上海綿蛋糕，就會塌陷、變得彎曲。所以一定要等慕斯或巴伐利亞奶凍表面冷卻凝固之後，再放上海綿蛋糕，並且輕壓讓兩者緊密貼合。

表面更要仔細操作

完美疊好蛋糕之後，最上面也要用抹刀抹平整。若在蛋糕邊緣刮奶油，就會形成中間厚、四周薄的不平整狀態，需要特別注意這一點。最上面也會大幅影響外觀，所以也要盡可能避免留下塗抹奶油的痕跡。

切出美觀的切面

露出切面的蛋糕，會因裁切手法左右整體美感。請參照第21頁的步驟，不要壓壞層次，慎重地切下每一刀。慕斯與巴伐利亞奶凍在半冷凍的狀態下，可以切得很漂亮。

芒果慕斯具有熱帶水果特有的溫和甘甜，搭配凸顯柑橘清爽風味的柚子優格慕斯。用芒果慕斯包裹白色慕斯與果肉，營造出充滿個性的切面。在蛋糕上面裝飾赤紅色的鏡面果膠與水果，做出令人聯想到南國的鮮豔造型。

Miley
麥莉

材料

15 × 10cm長方形慕斯框1個的量

Biscuit蛋糕體
- 蛋白……1顆蛋的量
- 砂糖……30g
- 蛋黃……1個
- 低筋麵粉……30g

潘趣酒水（先混合好材料）
- 水……15g
- 櫻桃利口酒……10g

柚子優格慕斯
- 優格……55g
- 砂糖……15g
- 柚子汁、柚子皮……各1/2～1/3顆的量（根據柚子的大小調整分量）
- 吉利丁粉……3g（加15g的水泡開）
- 鮮奶油（打至8分發）……50g

芒果……40g

芒果慕斯
- 冷凍芒果果泥（解凍備用）……110g
- 檸檬汁……10g
- 砂糖……8g
- 蜂蜜……10g
- 牛奶……40g
- 吉利丁粉……5g（加25g的水泡開）
- 鮮奶油（打至8分發）……40g

芒果果膠
- 鏡面果膠（非加熱式）……30g
- 芒果果泥……6g

覆盆子果膠
- 鏡面果膠（非加熱式）……10g
- 覆盆子果泥（無果粒）……10g

覆盆子……適量

＊柚子可以用檸檬或萊姆代替。另外，在柚子產季時可先削下柚子皮，加入少許砂糖用保鮮膜密封並冷凍保存，方便日後使用。

事前準備

將厚紙板用透明膠帶固定在慕斯框內，製作出離距離模框8cm的隔板。完成後放在托盤上，於內側包覆一層保鮮膜以免慕斯沾到紙板。

作法

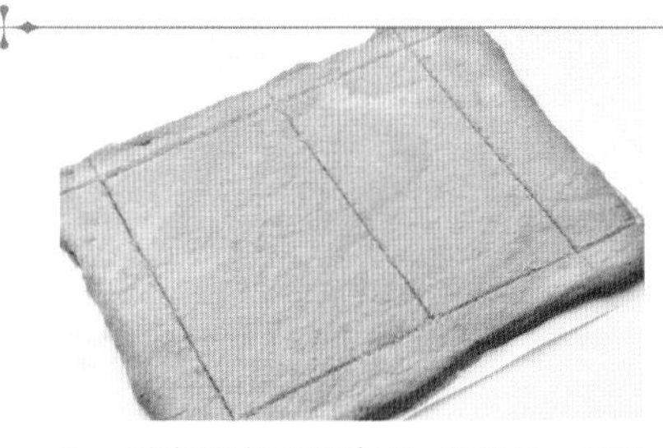

1　請參照第8頁的步驟，製作Biscuit蛋糕體。將麵糊抹成24×20cm的片狀，以190度的烤箱烘烤8～9分鐘。待蛋糕放涼之後，分別裁切夾層用15×8cm、底部用15×10cm的長方形。

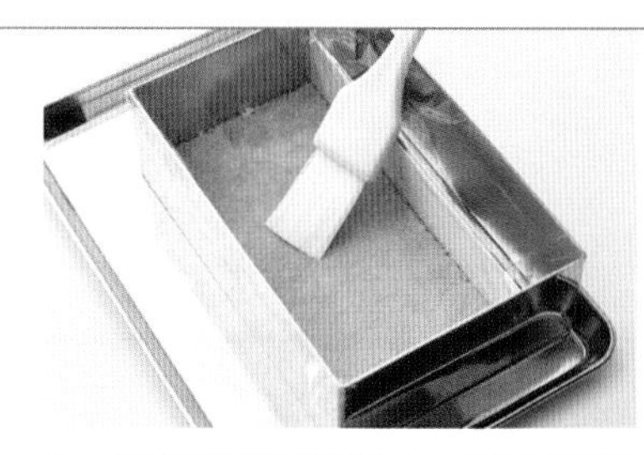

2　在準備好的慕斯框中，把夾層用的蛋糕烤面朝上鋪平。接著用毛刷塗上潘趣酒水。

3　製作柚子優格慕斯。在優格中加入砂糖，削入柚子表皮並加入果汁。以隔水或微波加熱泡開的吉利丁，邊攪拌邊加入慕斯中。

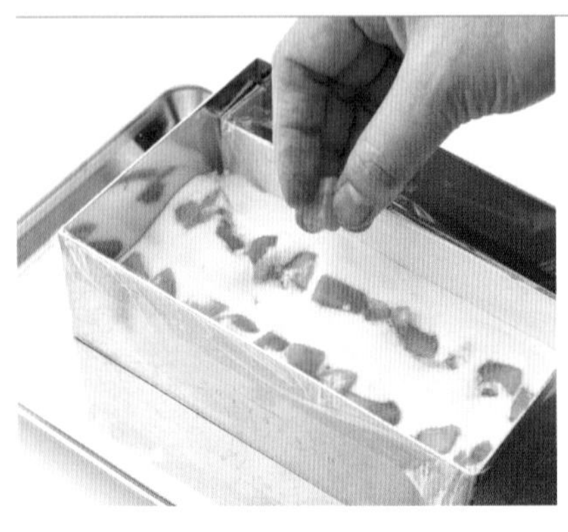

4　加入打至8分發的鮮奶油攪拌均勻，在步驟**2**的慕斯框中倒入一半的量。確認慕斯有確實填滿角落。將切成1.5cm的芒果丁排成縱向2排，並輕輕壓進慕斯中。

5　將剩下的柚子優格慕斯倒入模框中，拿起整個托盤，在工作檯上輕敲幾下，既可排除空氣也能讓表面平整。放進冷凍庫冷卻，製作出半冷凍的慕斯。

6　待慕斯凝固後，移除慕斯框與保鮮膜，沿兩端裁切一層薄薄的邊緣，打造出漂亮的長方形。

秘訣

直線要切齊，才能在切開蛋糕後呈現美麗的剖面。

7　將底部用的蛋糕體放在托盤上，在烤面刷上潘趣酒水。將步驟**6**的慕斯翻過來，讓蛋糕體朝上，放在底部蛋糕體的正中間。

8　將除去厚紙板的模框套在蛋糕外側，在夾層用蛋糕體上面也刷上潘趣酒水。完成後放進冰箱冷藏。

9　製作芒果慕斯。在芒果果泥中加入檸檬汁、砂糖、蜂蜜、牛奶，接著邊攪拌邊倒入以隔水或微波加熱泡開的吉利丁。

10 將調理盆浸在冰水中，邊攪拌邊增加些許稠度。加入打至8分發的鮮奶油並拌勻整體。

將濃度調整至可順暢流動的程度。不過度濃稠、柔軟的慕斯，較容易平整地倒入模框中。

11 在步驟**8**倒入芒果慕斯。此時慕斯會開始流入兩邊的間隙之中。

12 所有慕斯都倒入模框之後，馬上連同托盤一起咚咚咚地輕敲桌面，確實排除空氣讓表面維持平整。完成後放進冰箱冷藏至完全凝固。

秘訣

柚子優格慕斯已經事先冰過，所以芒果慕斯也會快速冷卻提升濃度。最好盡快倒完慕斯，迅速操作。

13 製作芒果果膠。將鏡面果膠與芒果果泥徹底混合。

14 參照第20頁的作法，將模框加熱之後再脫模。

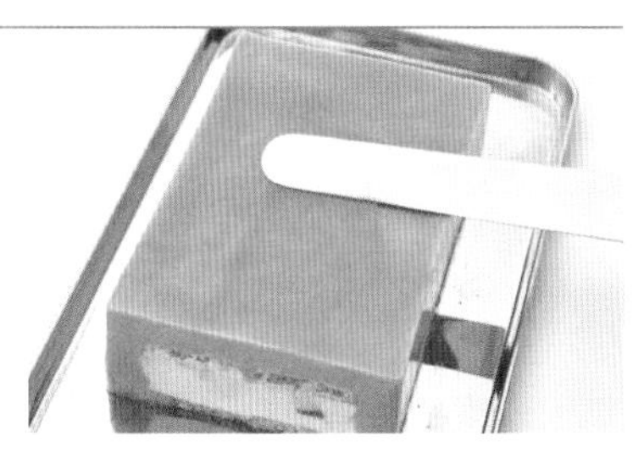

15 將芒果果膠平整地塗抹在表面。

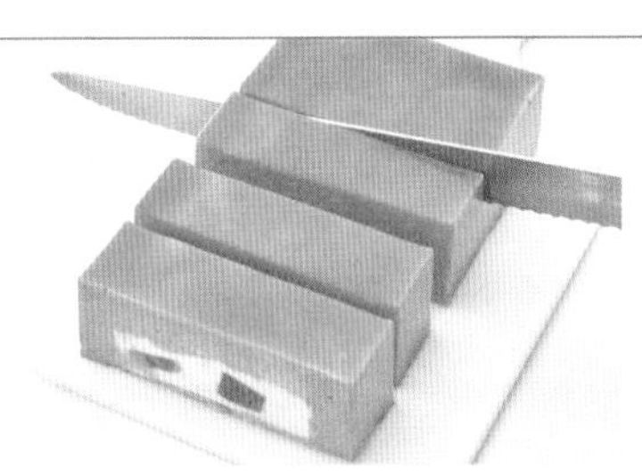

16 請參照第21頁的作法，使用鋸齒刀刀將蛋糕切成5等分。

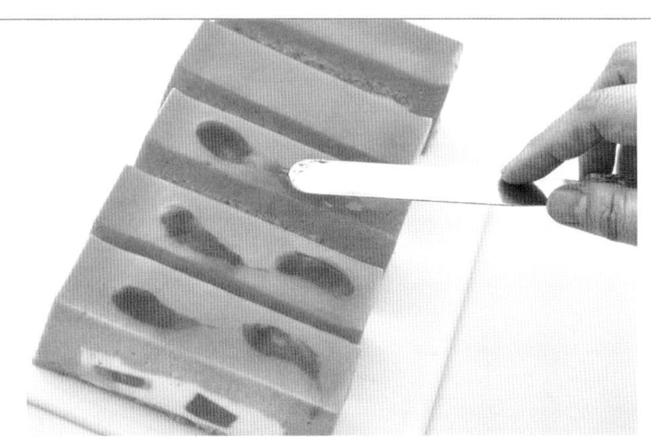

17 將鏡面果膠與覆盆子果泥徹底混合，製作覆盆子果膠。用抹刀塗抹在表面的幾處。最後以覆盆子裝飾即可。

將Biscuit蛋糕體、甘納許、咖啡奶油霜層層堆疊後，所製成的經典蛋糕名為「歐培拉（Opéra）」。將歐培拉加以變化，做成抹茶口味。高水分的抹茶奶油霜入口即化，柔軟的口感是其魅力。雖然要將七層都平整堆疊的難度相當高，但是能看到簡潔美觀的完成品，應該會讓人成就感十足。請務必試著挑戰看看。

Verde

維爾德

材料

長約12cm的長方形5個的量

潘趣酒水	
水	25g
砂糖	10g
白蘭地	15g
抹茶杏仁蛋糕體	
蛋白	50g
砂糖	30g
全蛋	35g
糖粉	25g
杏仁粉	25g
低筋麵粉	22g
抹茶	4g
安格斯醬	
蛋黃	1個
砂糖	30g
牛奶	60g

抹茶奶油	
安格斯醬	使用左列的45g
無鹽奶油	50g
抹茶	4g
水	8g
白巧克力香緹奶油	
白巧克力（切碎備用）	28g
鮮奶油	18g
鮮奶油（打至7分發）	35g
抹茶果膠	
白巧克力（切碎備用）	35g
鮮奶油	20g
抹茶	2g
水	6g
鏡面果膠（非加熱式）	15g
金箔	適量

事前準備

製作潘趣酒水。以微波爐煮沸水與砂糖讓砂糖融解，
放涼後再加入白蘭地。

作法

1　請參照第10頁的步驟，製作抹茶杏仁蛋糕體。在這份食譜中，低筋麵粉須與抹茶粉一起過篩。在烘焙紙上抹出28×23cm的長方形，以200度的烤箱烤9分鐘左右。放涼之後，以十字切成2片14×15cm的長方形。將剩下的2片接在一起，做成1片14×15cm的長方形。

2　製作抹茶奶油。請參考第36頁的步驟**6～7**，製作不加吉利丁的安格斯醬。然後將整個調理盆浸在冰水中，待充分降溫後，取45g備用。

3　奶油回軟至美乃滋左右的軟硬度後，分3～4次加入45g的安格斯醬，每次加入時都要用攪拌機充分攪拌均勻。

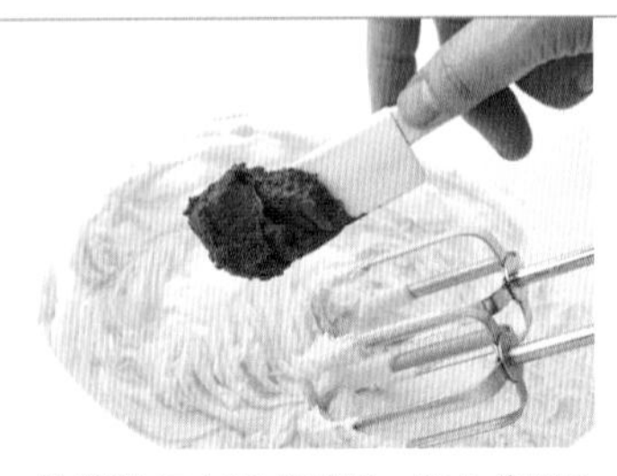

4　抹茶粉加水調成糊狀，加入步驟**3**攪拌均勻。

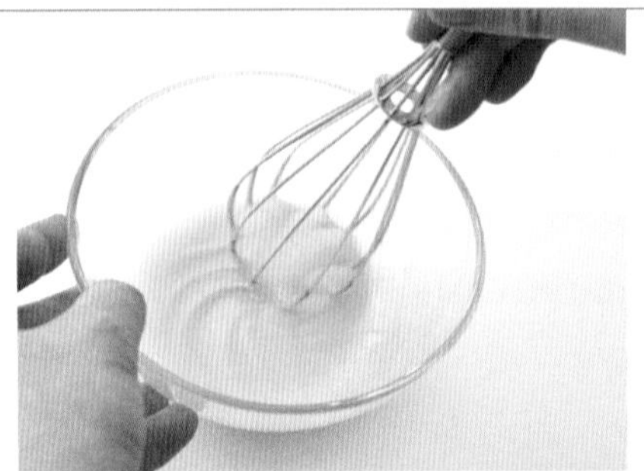

5　製作白巧克力香緹奶油。在容器中倒入切碎的白巧克力與18g的鮮奶油，放進微波爐加熱。當鮮奶油開始膨脹沸騰即可取出，用打蛋器攪拌成滑順的甘納許。完成後放進冰箱冷藏。

秘訣

若甘納許一直保持熱度，鮮奶油就會融解，變成過軟的白巧克力香緹奶油，所以必須徹底冷卻。

6　加入打至7分發、稍微可立起尖角的鮮奶油，整體攪拌均勻。

7　組裝蛋糕。在杏仁蛋糕體的烤面以毛刷輕輕刷上潘趣酒水。

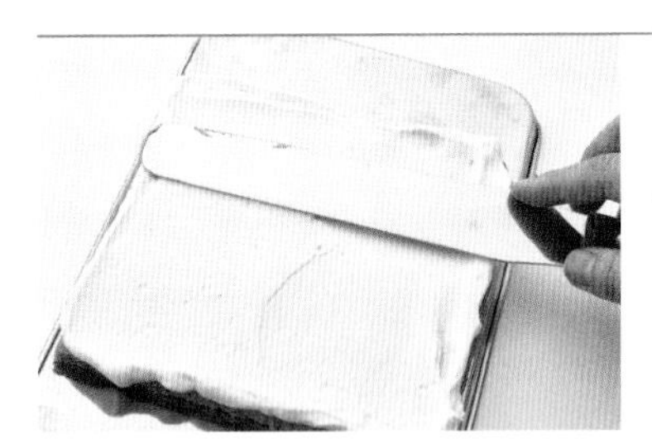

8　將其中一片用抹刀平整地抹上白巧克力香緹奶油。抹奶油時須抹到凸出蛋糕外的程度。

秘訣

塗抹時必須平整。尤其是很容易出現中間厚、四周薄的狀況，需特別注意。

9　將接合的杏仁蛋糕體翻過來蓋在奶油上，並輕壓使之緊密貼合。

注意切勿傾斜，向下壓讓蛋糕維持平整。

10　塗上一半剩下的潘趣酒水。

11 以抹刀平整地塗抹一半的抹茶奶油。

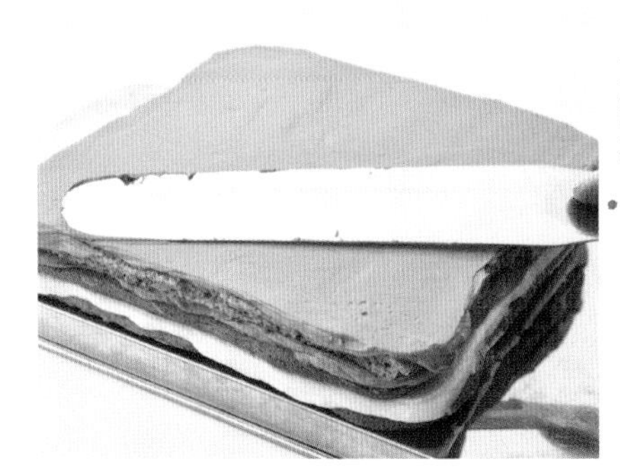

12 將剩下的杏仁蛋糕體翻面，輕壓使其緊密貼合。刷上剩下的潘趣酒水，平整地塗抹剩下的抹茶奶油。完成後放入冰箱充分冷卻凝固。

秘訣

為了能在最後均勻塗上鏡面果膠，表面必須抹平。

13 製作抹茶果膠。與步驟**5**一樣，先用白巧克力與鮮奶油做成甘納許。在抹茶粉中一點一點加水調成糊狀，再加入甘納許中攪拌。最後倒入鏡面果膠充分拌勻。

14 從中取出45g，調整溫度至微溫的35～40度左右，將果膠淋在蛋糕表面。

秘訣

溫度過高會使抹茶奶油融化，但在完全冷卻的狀態下又會因為凝固而難以抹平。

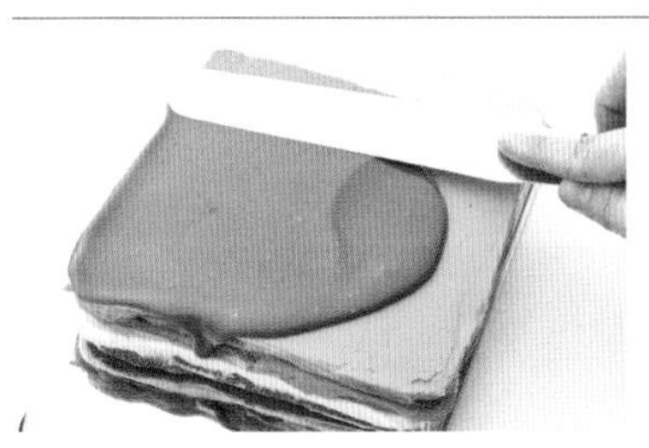

15 用抹刀快速將果膠抹平。因為蛋糕基底已經冷卻，所以鏡面果膠會很快凝固。必須在不留下塗抹痕跡的狀態下，一鼓作氣抹平。完成後送進冰箱冷藏約10分鐘。

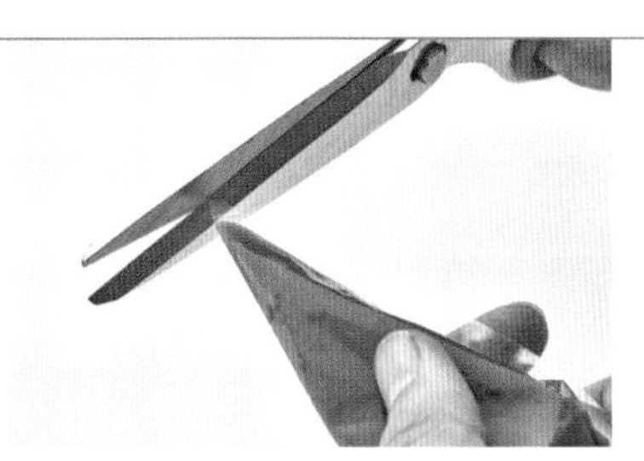

16 將步驟**14**剩下的抹茶果膠裝入塑膠製的擠花袋中，稍微剪去頂端。

17 將果膠擠在蛋糕表面，描繪出喜歡的圖案。

18 請參照第21頁的步驟，切掉周圍的蛋糕，再裁成5等分。最後加上金箔作為裝飾。在冰箱中冷藏一天，蛋糕會更入味、更好吃。

Hana-Emi
花笑

以櫻花為題，讓粉色與白色慕斯、巴伐利亞奶凍層層堆疊。刻意不使用櫻花風味，而是使用櫻桃慕斯與帶有櫻桃酒香的巴伐利亞奶凍，組合出溫和的酸甜口感。建議使用菱形的模框，可以打造不過度甜膩、簡潔的印象。

材料

單邊10.5cm、高6cm菱形慕斯框1個的量
（若沒有菱形慕斯框，也可以用直徑12cm的模框代替）

Biscuit蛋糕體
- 蛋白……1顆蛋的量
- 砂糖……30g
- 蛋黃……1個
- 低筋麵粉……30g

利口酒奶凍
- 牛奶……40g
- 蛋黃……1/2個
- 砂糖……25g
- 吉利丁粉……2g
 （加10g的水泡開）
- 櫻桃利口酒……5g
- 鮮奶油（打至8分發）……40g

潘趣酒水（先混合好材料）
- 櫻桃利口酒……15g
- 水……10g

櫻桃慕斯
- 冷凍櫻桃果泥（解凍備用）……90g
- 砂糖……30g
- 檸檬汁……7g
- 吉利丁粉……4g
 （加20g的水泡開）
- 鮮奶油（打至8分發）……65g

冷凍覆盆子……30g
鏡面果膠（非加熱式）……適量
覆盆子果醬（無果粒）……適量
草莓、櫻花（鹽漬）……各適量
草莓果乾、金箔……各適量

＊利口酒選用櫻桃利口酒。
＊櫻花清洗過後浸泡在水中去除鹽分。

作法

1　請參照第8頁的步驟，製作Biscuit蛋糕體。將麵糊抹成28×24cm的長方形，以190度的烤箱烘烤8～9分鐘。待蛋糕放涼之後，分別裁切出3片與菱形慕斯框一樣大的蛋糕體，其中有一片是接合而成的。

2　在模框上蓋上一層保鮮膜，用橡皮筋固定。輕拉邊緣，把保鮮膜拉平，將有保鮮膜的那一面朝下放在托盤上。

3　製作利口酒奶凍。請參照第36頁的步驟**6～7**，製作安格斯醬，並加入泡開的吉利丁粉，以餘熱融解。。

4　將安格斯醬倒入調理盆，然後將整個調理盆浸在冰水中，邊攪拌邊冷卻，直到稍微出現濃稠度之後再加入利口酒。

秘訣

如果過度冷卻就會變得太濃稠，倒入模框的時候會很難保持平整。

5　分2次加入打至8分發的鮮奶油，並充分攪拌均勻。保持可順暢流動的狀態就好。

6　將奶凍倒入步驟**2**的模框之後，馬上連同托盤一起咚咚咚地輕敲桌面，讓表面維持平整。

秘訣

注意別讓奶凍沾到模框上方。若不小心沾到也要仔細擦拭。

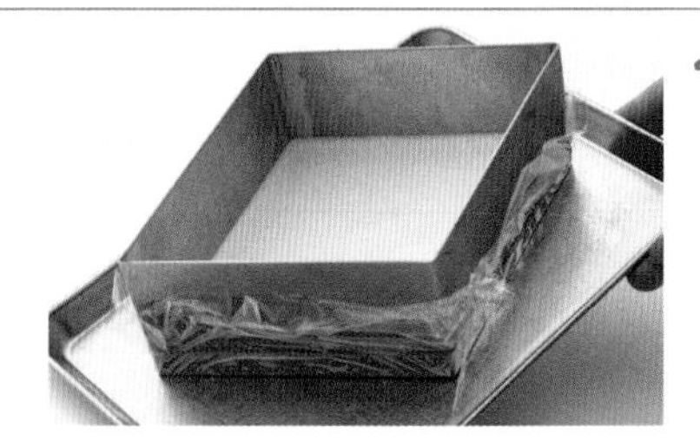

7　完成後放進冰箱冷藏至表面凝固。

秘訣

在奶凍仍是液態的時候堆疊海綿蛋糕，夾層會不容易維持平整。每次堆疊時都要放進冰箱冷藏凝固，再疊上下一層。

8　在裁切好的3片蛋糕體的烤面，塗上潘趣酒水。將其中1片翻過來，蓋在步驟**7**的奶凍上，輕壓讓蛋糕與奶凍緊密貼合。內面也要刷上潘趣酒水，完成後放進冰箱冷藏。

9　製作櫻桃慕斯。在櫻桃果泥中加入砂糖、檸檬汁拌勻，接著邊攪拌邊加入以隔水或微波加熱融解的吉利丁。

10 將整個調理盆浸在冰水中，攪拌至出現些許稠度。接著加入打至8分發的鮮奶油，整體一起攪拌均勻。

秘訣

調整至可以順暢流動的稠度。若過於濃稠，將會無法平整流入模框中。

11 在步驟**8**中倒入一半的櫻桃慕斯，連同托盤一起咚咚咚地輕敲桌面，讓表面維持平整。完成之後放置於冰箱，冷藏至表面凝固。

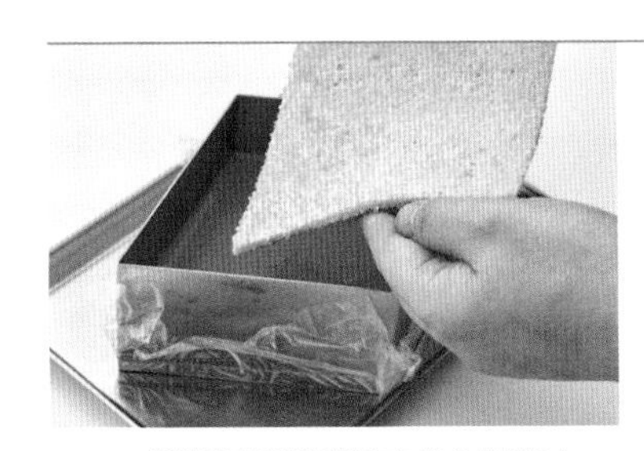

12 一樣將蛋糕體翻過來放在慕斯上，讓蛋糕與慕斯緊密貼合。內側也刷上潘趣酒水，再倒入剩下的櫻桃慕斯，連同托盤一起咚咚咚地輕敲桌面，讓表面維持平整。

13 在冷凍狀態下對半切開覆盆子，撒在慕斯上，每個果實都要輕輕壓進慕斯裡。若沒有馬上把果實壓進慕斯中，等到慕斯變硬就很難操作了。

14 在冰箱中冷藏至表面凝固，將蛋糕體翻面蓋上，使蛋糕與慕斯緊密貼合。之後放入冰箱中冷藏至完全凝固。

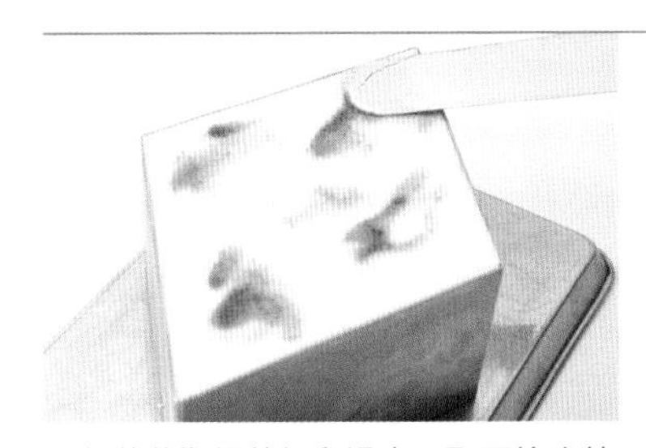

15 將慕斯框整個翻過來，取下橡皮筋與保鮮膜。在表面抹上一層薄薄的鏡面果膠，隨意塗上覆盆子果醬為蛋糕上色。

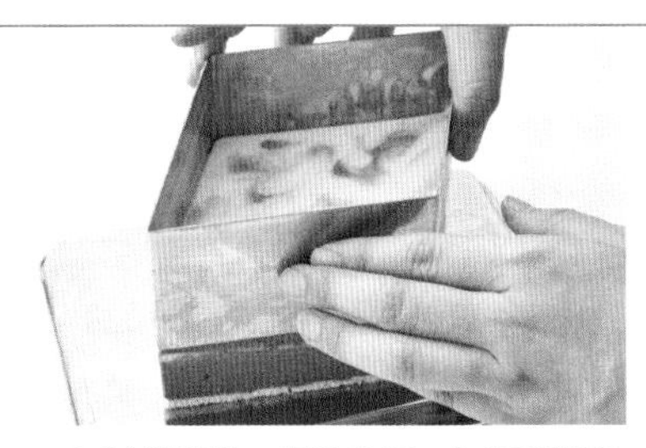

16 請參照第20頁的步驟，加溫慕斯框之後再脫模。

秘訣

菱形模框要特別注意銳角的部分，不要過度融解！否則會出現缺角。

17 加上切好的草莓、瀝乾水分的櫻花、果乾、金箔點綴。

德國西南部的知名蛋糕Schwarzwälder Kirschtorte（法文為Forêtnoire à ma façon），我用自己喜歡的方式做了一些變化。一般而言都是採用可可海綿蛋糕、巧克力奶油、鮮奶油、利口酒漬櫻桃搭配，但我大幅減少巧克力的比例，讓口感吃起來比外觀更輕爽。蛋糕也設計成能夠看到美麗分層的造型，營造出高雅的感覺。

Forêt-noire à ma façon

黑森林蛋糕

材料

長10cm長方形7條的量

醃漬櫻桃
- 黑櫻桃（罐頭）……120g
- 櫻桃利口酒……10g

聖米歐爾杏仁蛋糕體
- 無鹽奶油……30g
- 可可粉……25g
- 蛋白……60g
- 砂糖（蛋白霜用）……30g
- 蛋黃……2個
- 砂糖……30g
- 低筋麵粉……15g
- 杏仁粉……15g

潘趣酒水
- 櫻桃醃漬液……全量
- 櫻桃罐頭的糖漿……適量

香緹奶油
- 吉利丁粉……1g
  （加5g的水泡開）
- 鮮奶油（打至8分發）……140g

覆盆子果醬……30g

巧克力香緹奶油
- 鮮奶油……45g
- 可可含量65%的黑巧克力（切碎備用）……45g
- 鮮奶油（打至7分發）……75g

巧克力碎片
- 板狀巧克力（牛奶）……適量

可可粉、黑櫻桃、金箔……各適量

事前準備

使用影印紙製作底部面積19×24cm的盒子，高度約為2～3cm。

作法

1　製作醃漬櫻桃。將黑櫻桃瀝除水分並對半切開。罐頭的糖漿，在製作潘趣酒水時會用到，所以要先留起來。加入櫻桃利口酒攪拌均勻，蓋上保鮮膜靜置1個小時以上。

2　製作聖米歐爾杏仁蛋糕體。奶油與可可粉一起放進微波爐，加熱融解後攪拌均勻。調整至45度左右的溫熱狀態。

3　一開始就先在蛋白中加入砂糖30g，再打成綿密有彈性的蛋白霜。

4　在另一個調理盆中加入蛋黃與砂糖30g打發，待液體變得偏白而濃稠，就可以將步驟**2**加入，並充分攪拌均勻。

秘訣

若完全冷卻，在加入其他材料時，溫度會降低造成氣泡破裂，使麵糊變得太過厚重。

5　加入步驟**3**一半的蛋白霜，大略攪拌。將低筋麵粉與杏仁粉一起過篩加入調理盆中，用橡膠刮刀攪拌至粉末消失。

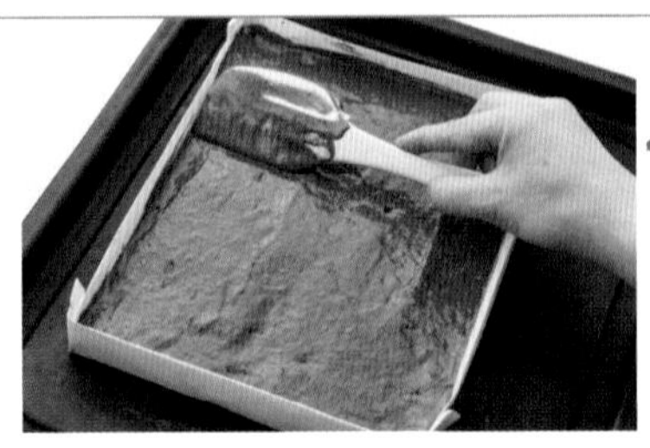

6　加入剩下的蛋白霜，充分攪拌均勻。在事前準備好的紙盒中倒入麵糊，用橡膠刮刀抹平表面。

秘訣

麵糊容易中間厚四周薄，所以務必維持平整。操作時動作要輕巧，以免蛋白霜的氣泡消失。

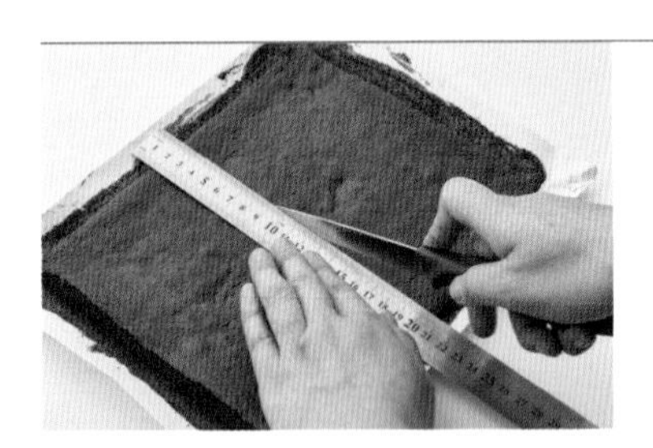

7　在180度的烤箱中烤13～14分鐘。為了避免蛋糕過度乾燥，需移至烘焙紙上放涼，冷卻後將蛋糕裁成一半。

8　製作潘趣酒水。將步驟**1**的櫻桃放在篩網上，分離果肉與液體。在醃漬湯汁中加入稍早保存的罐頭糖漿，使溶液整體達到40g。在其中一片蛋糕體的烤面上，以毛刷塗上潘趣酒水。

9　製作加入吉利丁粉的香緹奶油。以隔水或微波加熱的方式融解吉利丁，加入部分打至8分發的鮮奶油，並攪拌均勻。

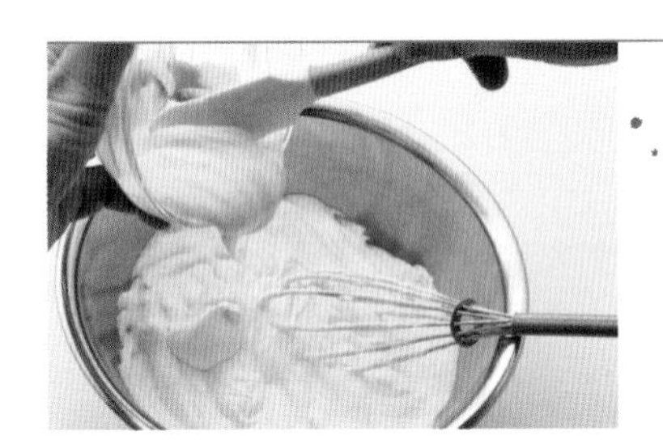

10 加入剩下的鮮奶油中，快速攪拌打至9分發。

秘訣

鮮奶油要打到用打蛋器可以撈起來的硬度，而且開始稍微出現顆粒。太軟的話組合起來會不好看。

11　在步驟**8**的蛋糕上抹上一半的鮮奶油，用抹刀抹平。鮮奶油要抹到稍微凸出邊緣為止。完成後再整面鋪上瀝去湯汁的醃漬櫻桃，並將櫻桃往下壓到與奶油等高。

香緹奶油若太軟就會鬆垮，而無法確實固定在海綿蛋糕上。除此之外，在組裝之後也無法裁切得漂亮。

12 將剩下的鮮奶油抹平。將邊緣調整成四角狀。

秘訣

奶油確實抹平，不要讓角落的高度偏低。關鍵在於仔細製作垂直平整的奶油層。

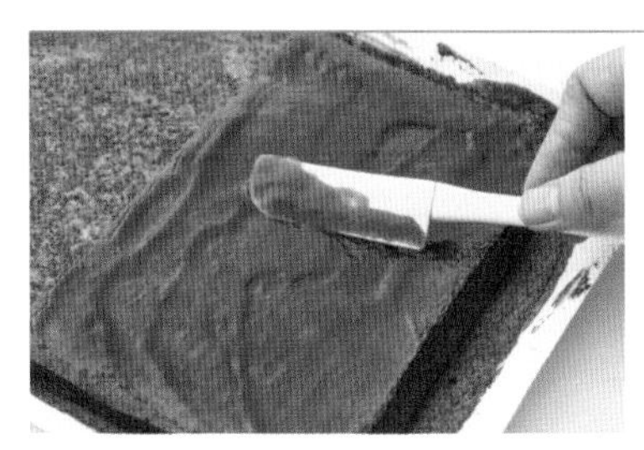

13 在另一片蛋糕體的烤面塗抹潘趣酒水，再塗上覆盆子果醬。

14 馬上翻過來放在步驟**12**上，輕壓將蛋糕調整至呈現水平狀態。因為基底很柔軟，所以堆疊時要特別小心。完成後在蛋糕上面也要塗抹潘趣酒水。

15 用抹刀將周圍凸出的奶油抹平，整理成漂亮的長方體。

16 在表面緊密包覆一層保鮮膜，放進冰箱冷藏。

17 製作巧克力香緹奶油。在容器中加入鮮奶油45g與巧克力，以微波爐加熱至膨脹並稍微開始沸騰再取出。充分攪拌均勻，做成滑順的甘納許放涼備用。

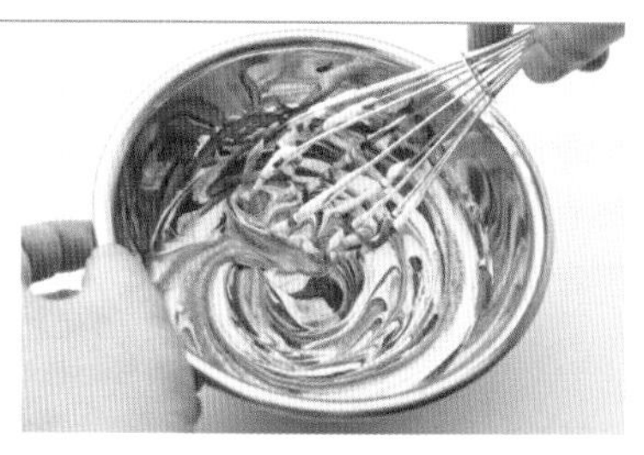

18 放涼後從中取出30g，加入打至7分發、稍微可立起尖角的鮮奶油25g，大略拌勻。攪拌過度會導致出現顆粒，口感不佳，所以必須特別注意。剩下的甘納許與鮮奶油會在最後裝飾的時候使用。

19 撕除步驟**16**的保鮮膜，用抹刀平整抹上巧克力香緹奶油。完成後放入冰箱冷藏凝固。

20 請參照第21頁的步驟，切齊周邊凸出的部分，將蛋糕分成7等分。

秘訣

裁切時小心不要壓壞蛋糕表面，並注意切面不可傾斜。

21 在剩下的甘納許中，分2次加入打至7分發的鮮奶油，大致攪拌到鮮奶油可立起尖角為止。完成後將鮮奶油倒入裝有斜口花嘴的擠花袋，將鮮奶油擠在步驟**20**上。

22 製作巧克力碎片。讓板狀巧克力恢復室溫，以直徑4～6cm的圓形模具斜削巧克力。若巧克力維持冷藏的狀態，就會因為過硬而無法順利削成碎片。

23 隨意放上巧克力碎片，並以濾茶網輕輕撒上可可粉。最後用櫻桃、金箔加以裝飾。

風味獨特的黑醋栗慕斯搭配奶味濃厚的白巧克力奶凍，中和了強烈的酸味，打造溫潤的口感。色彩明暗對比以及表面的幾何圖案，給人華麗的印象。美麗的蛋糕分層，秘訣在於從最上面一層開始將材料倒入慕斯框中，最後再翻過來「倒扣」的技巧。

Veronique
維羅尼克

材料

15×10cm長方形慕斯框1個的量

Biscuit蛋糕體

- 蛋白……1顆蛋的量
- 砂糖……30g
- 蛋黃……1個
- 低筋麵粉……30g

可可含量55～65%的甜巧克力（製作圖案用）……約20g

黑醋栗慕斯

- 冷凍黑醋栗果泥（解凍備用）……65g
- 砂糖……20g
- 吉利丁粉……3g
  （加15g的水泡開）
- Crème de Cassis（黑醋栗酒）……10g
- 鮮奶油（打至8分發）……60g

潘趣酒水（先混合好材料）

- 櫻桃利口酒……10g
- 水……15g

黑醋栗果凍

- 冷凍黑醋栗果實（解凍備用）……35g
- 砂糖……8g
- 水……25g
- 吉利丁粉……2g
  （加10g的水泡開）

白巧克力奶凍

- 牛奶……55g
- 蛋黃……1/2個
- 砂糖……8g
- 吉利丁粉……3g
  （加15g的水泡開）
- 白巧克力（切碎備用）……20g
- 鮮奶油（打至8分發）……50g

鏡面果膠（非加熱式）……40g
冷凍黑醋栗果泥（解凍備用）……8g
冷凍黑醋栗、冷凍紅醋栗、
玫瑰（食用花）……各適量
金粉……適量

*巧克力的花樣可以使用有凹凸形狀的鋸齒刮板製作。
在烘焙用品店等商店就可以買到。

作法

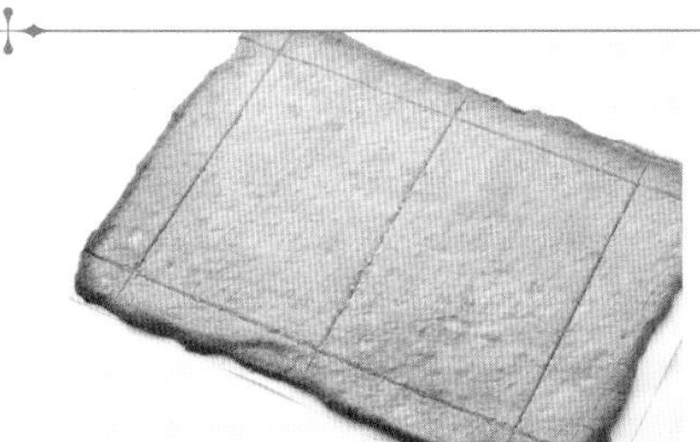

1　請參照第8頁的步驟，製作Biscuit蛋糕體。在影印紙上，擀成22×17cm的薄片，以190度的烤箱烘烤8～9分鐘。分別裁切出2片與模框同尺寸的蛋糕。

2　製作巧克力的紋樣。將透明玻璃紙裁切成比模框稍大的尺寸，鋪在矽膠烘焙墊或砧板上，且需緊密貼合底墊。薄薄地抹開隔水加熱融解的巧克力。

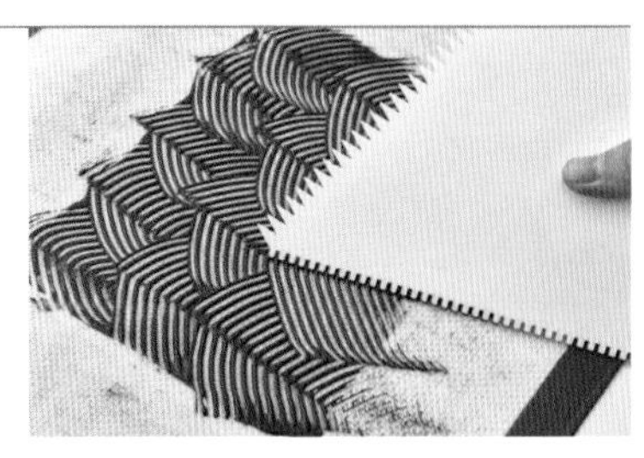

3　用鋸齒刮板劃出和緩的隨機曲線。

4　迅速將玻璃紙移到托盤上，放置於冰箱中等待巧克力凝固。將模框放在巧克力紋樣上，再從模框上方確實下壓，連同模框一起放進冰箱冷藏。

確實壓緊固定慕斯框，之後填入慕斯的時候就不會從下方漏出來。

5　製作黑醋栗慕斯。在黑醋栗果泥中加入砂糖，邊攪拌邊加入以隔水或微波加熱融解的吉利丁。最後再加入Crème de Cassis（黑醋栗酒）。

6　將調理盆浸在冰水中，攪拌至出現濃稠度。

7　加入打至8分發的鮮奶油，充分攪拌均勻。

秘訣

最恰當的狀態是能夠順暢流動。製作成不要太過濃稠的柔軟慕斯，之後才能平整地流入模框中。

8　馬上在步驟**4**的模框中倒入黑醋栗慕斯，拿起整個托盤輕敲桌面使表面平整。放入冰箱冷藏至表面凝固。

秘訣

在慕斯還是液態的時候疊上蛋糕，會使層次不容易平整。因此，每次堆疊都必須放入冰箱冷藏，待凝固之後再疊下一層。

9　在蛋糕體的烤面塗上潘趣酒水，烤面朝下放在步驟**8**的慕斯上，輕壓讓蛋糕與慕斯緊密結合。在蛋糕內面也塗上潘趣酒水，最後放入冰箱冷藏備用。

10　製作黑醋栗果凍。將黑醋栗果實、砂糖、水加入小鍋中煮沸，再加入用水泡開的吉利丁，以鍋中餘熱融解吉利丁。

11　將煮好的果凍移至調理盆，隔著冰水冷卻凝固。待果凍凝固之後，用湯匙稍微壓碎果實。

12　製作白巧克力奶凍。請參照第36頁的步驟**6**、**7**製作安格斯醬，加入用水泡開的吉利丁並以餘熱融解。

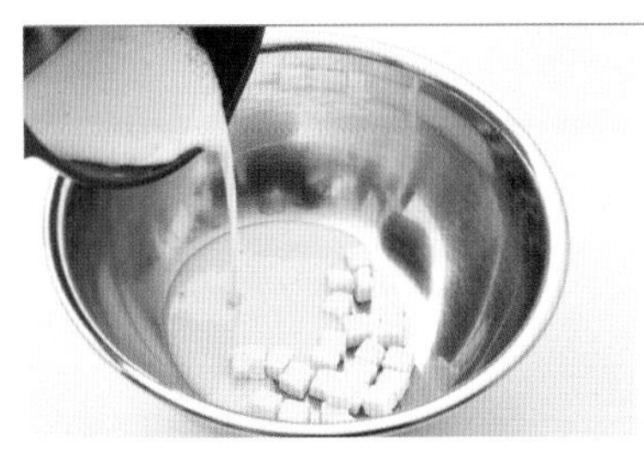

13 分2次在調理盆中加入白巧克力，每次加入都要充分攪拌均勻。

14 將調理盆浸在冰水中，邊攪拌邊冷卻，直到出現些微濃稠度。

秘訣

如果冷卻至過度濃稠，倒入慕斯框的時候外型就會不平整。

15 分2次加入打至8分發的鮮奶油，充分攪拌均勻。

16 一鼓作氣將白巧克力奶凍倒入慕斯框中，連同托盤一起輕敲桌面，讓奶凍層平整。

17 將黑醋栗果凍分成3列鋪在奶凍上，每次鋪的時候都稍微往下壓。因為果泥是冰的，所以會讓巴伐利亞奶凍凝固，如果沒有馬上把果泥壓進去，奶凍層就無法平整。

為了讓巴伐利亞奶凍與慕斯框的交界處能夠形成一直線，必須用紙巾把沾在模框上的奶凍擦掉。多一道手續就能做出漂亮的層次！

18 將剩下的蛋糕體翻到烤面，塗上潘趣酒水，烤面朝下蓋在奶凍上，輕壓使蛋糕與奶凍緊密結合。充分冷卻至凝固為止。

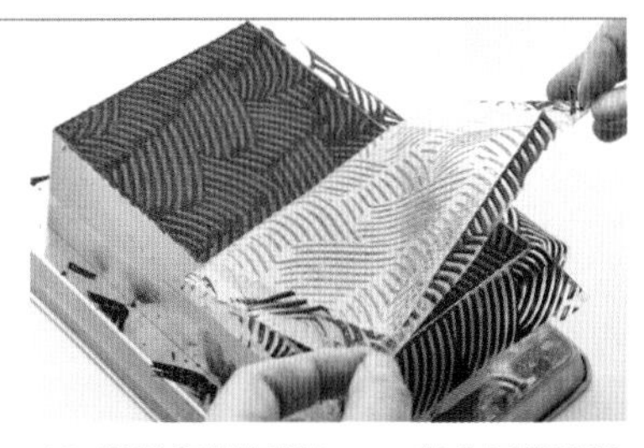

19 將整個模框倒扣，一鼓作氣撕開透明玻璃紙。若沒有充分冷卻就無法剝除玻璃紙，所以請務必確實冷卻凝固。

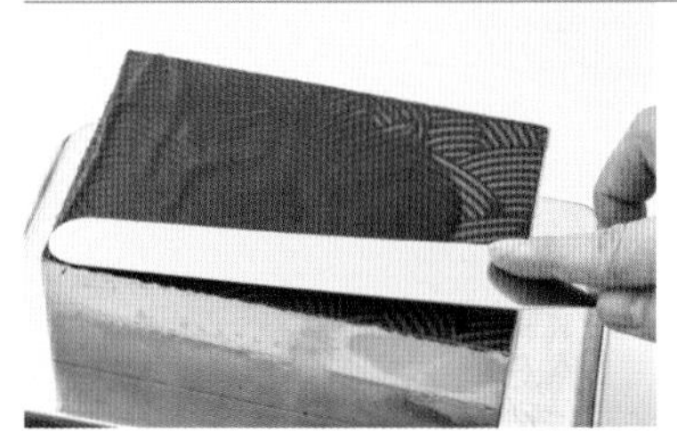

20 充分混合鏡面果膠與黑醋栗果泥，用抹刀將果膠抹在蛋糕上面。

21 請參照第20~21頁的作法脫模，再切成5等分。注意不要壓壞切面或使剖面呈現傾斜。最後加上冷凍黑醋栗、冷凍紅醋栗、食用玫瑰、金粉裝飾即可。

以塔皮為基底的蛋糕

塔類蛋糕泛指將麵團延展成薄片塔皮，加上餡料烘烤而成的糕點。本章節介紹以塔皮為基底，加上鮮奶油與慕斯等材料製作而成的新鮮點心。塔皮特有的香脆口感與芬芳香氣，可使人品嘗到不同於海綿蛋糕的新奇美味。除此之外，外觀也與至目前為止所介紹的蛋糕不同，為了拓展製作的種類，請務必試著挑戰看看。

組裝蛋糕的訣竅

烤出外觀俐落的塔皮

若塔皮邊緣有缺角、出現凹陷，蛋糕整體看起來就會顯得很粗糙。擀出厚度均勻的塔皮、將塔皮確實舖進塔模的每個角落、邊緣切得乾淨俐落，就是打造完美基底的訣竅。另外，上面若有突起，就很難加上食材。在塔皮內填充杏仁奶油餡時需調整填充量，以免烤好之後表面不平整。

確實固定

在塔皮基底上放置慕斯等材料時，要注意不能傾斜或垮下來，必須確實固定。使用少量的奶油或鏡面果膠當作黏著劑，放入食材之後稍微輕壓就會比較穩固。

掌握恰到好處的尺寸平衡

在塔皮基底上放置慕斯時，慕斯比基底「稍微小一點」是黃金比例。塔皮烤過之後會縮小，所以若以同樣的尺寸製作，塔皮會變得比慕斯小。因此，使用慕斯框製作慕斯時，要選用比塔模小一點的慕斯框。

NG!

慕斯比塔皮大的話，看起來很不穩，視覺上就顯得不夠俐落。

Alesso

艾利索

這是一款栗子楓糖塔。栗子奶油周邊大量塗抹楓糖風味的鮮奶油，再撒上帶有芬芳香氣、口感酥脆的蜜杏仁粒。製作這款蛋糕的秘訣在於將兩種奶油調整至能蓬起的硬度，讓奶油可以堆疊出漂亮的形狀。

材料

長9.5cm船形塔模4個的量

法式甜塔皮（只使用其中1/2的量）

- 糖粉……25g
- 低筋麵粉……70g
- 無鹽奶油……35g
- 蛋黃……1個

杏仁奶油餡

- 無鹽奶油……15g
- 砂糖……15g
- 全蛋……15g
- 杏仁粉……15g
- 蘭姆酒……3g

蘭姆酒（潘趣酒用）……適量

蜜杏仁粒

- 砂糖……20g
- 水……10g
- 杏仁顆粒……25g

栗子奶油

- 栗子糊……35g
- 鮮奶油……7g

蜜漬栗子……2個

楓糖奶油

- 鮮奶油（打至8分發）……70g
- 楓糖（粉末狀）……10g

防潮糖粉、蜜漬栗子、金箔……各適量

裝飾用巧克力……適量

＊若沒有楓糖，亦可使用紅糖代替。

＊裝飾用巧克力會使用到波浪狀的橡膠板，可在烘焙材料店等商店買到。

作法

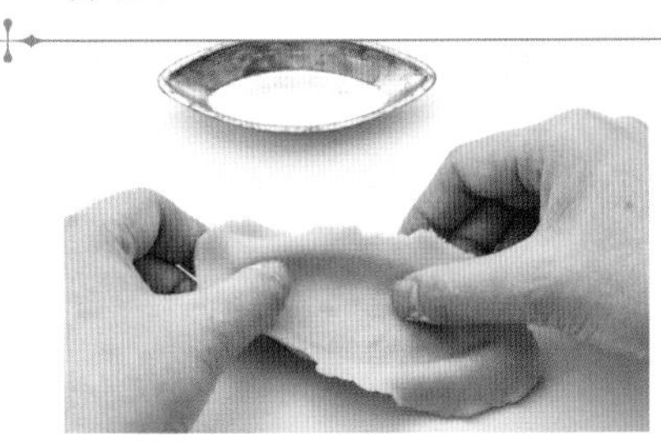

1　請參照第18頁的作法，製作法式甜塔皮，再將塔皮鋪在模具上。這裡的作法是先將塔皮擀成橢圓形，整個鋪在塔模上。必須連兩端尖角的部分都緊密貼合。

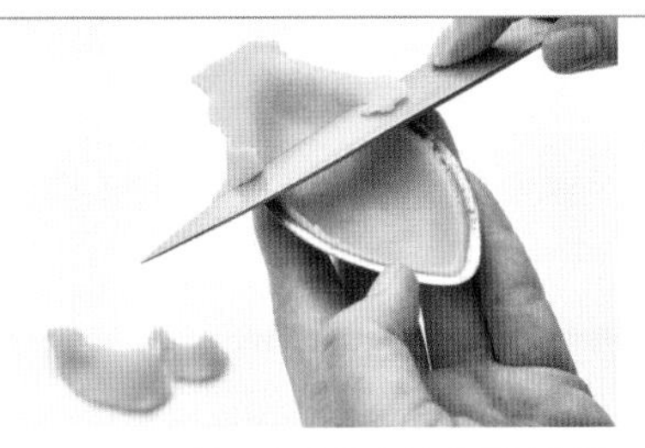

2　用刀子從正中間朝尖端水平地削除多餘的塔皮。另一側也一樣削除多餘塔皮。完成之後用叉子在底部開孔。

秘訣

如果是船形的塔模，從中間向兩端削除塔皮，邊緣會切得很漂亮。如果麵團在操作途中變軟，必須先在冰箱中冷卻，待麵團緊縮之後再繼續操作。

3　請參照第19頁的步驟製作杏仁奶油餡，平鋪在步驟**2**的模型中。

4　在180度的烤箱中烘烤15～17分鐘，烤至焦黃。趁熱用毛刷輕輕刷上蘭姆酒，放涼備用。

5　製作蜜杏仁粒。將砂糖和水倒入小鍋中，沸騰後繼續煮至呈現稠糊狀。小心不要煮到呈現焦黃色。

6　煮好之後關火，倒入杏仁顆粒。

7　用橡膠刮刀充分拌勻，讓杏仁顆粒均勻沾滿糖漿。

8　繼續攪拌，糖漿會呈現白色並且開始結晶，變成分散的顆粒。

9　此時再度開中火，加熱翻炒至稍微呈現金黃色並出現香味。

10　將杏仁顆粒放在烘焙紙或廚房紙巾上攤平。

11　製作栗子奶油。將栗子糊與鮮奶油充分攪拌均勻。將栗子奶油分成四等分，橫向抹在步驟**4**的基底上。

12　將蜜漬栗子的水分用紙巾吸乾，切成1cm的丁狀。放在栗子奶油上，並輕壓固定。

13　製作楓糖奶油。在打至8分發的鮮奶油裡加入楓糖，充分攪拌均勻。

14 將奶油再打發一點，直到9分發，質地開始變粗糙為止。

15 用抹刀將楓糖奶油塗在步驟**12**上，並調整成橄欖球的形狀。

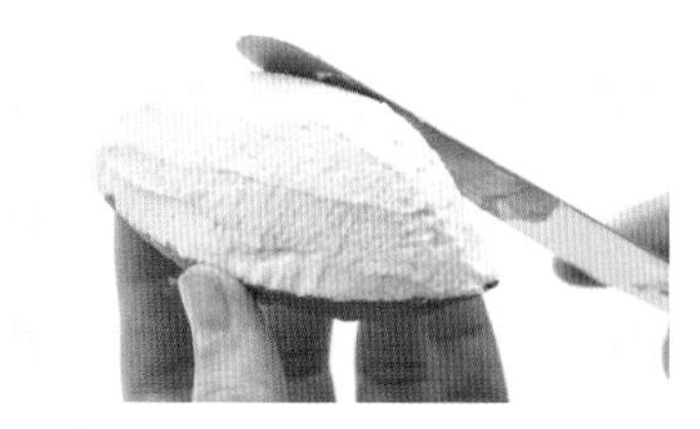

16 小心不要讓奶油超出塔的邊緣，抹成左右對稱的形狀。

秘訣

奶油若太軟就不易整形，完成後也容易變形。

17 從兩側輕輕按壓沾上蜜杏仁粒，最後用手包覆整形。

18 整體撒上防潮糖粉，再以切好的蜜漬栗子、裝飾用巧克力、金箔裝飾。

Variation

以費南雪塔模製作

以9.5x4.5cm的費南雪塔模代替船形塔模，以同樣的配方製作。楓糖奶油則做成三角形的山形。

裝飾用巧克力的作法

請參照第23頁的步驟將黑巧克力調溫。在透明的玻璃紙上薄薄抹開巧克力，再用波浪狀的橡膠板描繪出和緩的曲線。待表面乾燥之後翻至背面，放在托盤等容器裡，在上面放上重石，靜置冰箱中冷卻。完全冷卻後，再一條一條剝下來。

在基底塔皮放上草莓，周圍以馬斯卡彭起司奶油包覆，再將草莓奶油擠成細條狀，製作成「草莓蒙布朗」。為了能保持形狀，須製作出偏硬的馬斯卡彭起司奶油以擠出漂亮的圓錐狀，外面的草莓奶油就會比較容易擠出均勻又立體的造型。

Filles

菲爾

材料

直徑7cm淺圓形塔模4個的量

法式甜塔皮（只使用其中1/2的量）

糖粉	25g
低筋麵粉	70g
無鹽奶油	35g
蛋黃	1個

覆盆子果醬	適量
小紅莓果乾	適量

杏仁奶油餡

無鹽奶油	15g
砂糖	15g
全蛋	15g
杏仁粉	15g
蘭姆酒	2g

馬斯卡彭起司奶油

馬斯卡彭起司	20g
鮮奶油（打至8分發）	60g

草莓（中間用）	4顆

草莓奶油

冷凍乾燥草莓粉	4g
砂糖	6g
水	10g
鮮奶油（打至5分發）	80g

冷凍乾燥草莓片	適量
草莓（裝飾用）	適量
裝飾用巧克力	適量

＊中間填充的草莓需選用呈現漂亮圓錐狀的草莓。最理想的高度約在4～5cm。

作法

1　請參照第18頁的作法，製作法式甜塔皮，再將塔皮鋪在模具上。完成之後用叉子在底部開孔。塗抹少量覆盆子果醬，並灑上小紅莓果乾。請參照第19頁的步驟製作杏仁奶油餡，將奶油餡分成4等分，在塔皮上抹平。

2　在180度的烤箱中烘烤15～17分鐘，烤至焦黃。

3　製作馬斯卡彭起司奶油。在馬斯卡彭起司中加入打至8分發的鮮奶油，並充分攪拌。

秘訣

若奶油過軟，只要繼續打發至奶油確實立起尖角即可。奶油過軟的話會容易塌陷。

4　選擇形狀適合填充中間的草莓，去蒂頭並切成4等分以便食用。

5　使用7mm圓口花嘴，將馬斯卡彭起司奶油裝入擠花袋，在塔皮上擠少量奶油。放上步驟**4**的草莓輕壓固定。

6　將馬斯卡彭起司奶油由下而上擠成螺旋狀，完全包覆草莓。完成後放入冰箱冷藏。

此時擠出來的形狀會大幅影響外觀，必須盡量擠出漂亮的圓錐狀。

7　製作草莓奶油。冷凍乾燥草莓粉與砂糖充分混合之後，慢慢加水調成糊狀。

8　打發鮮奶油至拿起打蛋器會緩緩流下來的程度，大約是5分發。分2次加入步驟**7**的草莓糊，充分攪拌均勻。

秘訣

加入草莓糊之後鮮奶油比較容易變硬，所以鮮奶油不能打發過頭。另外，用打蛋器攪拌的話容易過硬，所以必須用橡膠刮刀攪拌均勻。

9　打到比8分發再稍微硬一點的程度。若太硬就不好擠，必須特別注意。

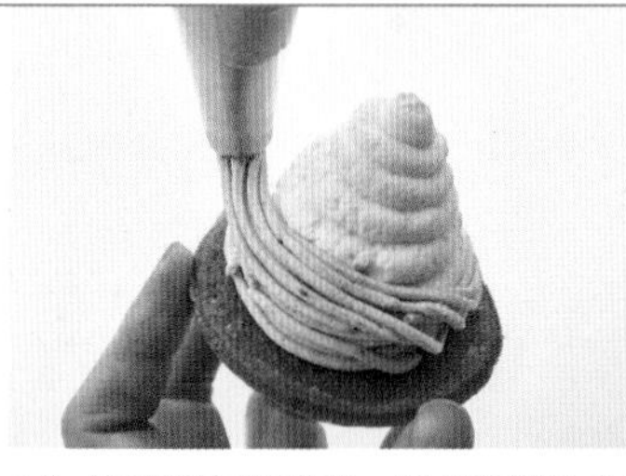

10　使用蒙布朗花嘴，將草莓奶油放進擠花袋中，由下往上擠成螺旋狀。不要過度壓迫花嘴，讓花嘴與基底保持一段距離，就可以擠出漂亮的線條。

11　擠到尖端完全覆蓋馬斯卡彭起司奶油，並形成圓錐狀。

裝飾用巧克力的作法

請參照第23頁的步驟，為白巧克力調溫。用湯匙背面的前端沾上巧克力，然後壓在透明玻璃紙上，將湯匙往身體方向拉。重複同樣的動作2～3次。待巧克力凝固後，放置冰箱保存。

12　撒上冷凍乾燥的草莓碎片，並將1/4顆帶蒂頭的草莓、巧克力裝飾上去。

成功（左）與失敗（右）。擠奶油的時候要均等地去擠，注意線條不能重疊、不能有空隙、不能擠到一半就斷掉。

Tarte aux Pommes caramelisé

焦糖蘋果塔

將需要花長時間烘焙的蘋果塔，用小型塔圈以更簡便的方式製作。杏仁奶油餡中加入與蘋果很搭的無花果乾。靜置半天左右，待焦糖醬汁與烤蘋果的果汁滲入杏仁奶油餡，就是最美味的時候。

Tarte aux Pommes caramelisé

焦糖蘋果塔

材料

直徑7.5cm、深2cm圓形塔模4個的量

法式甜塔皮

- 糖粉……25g
- 低筋麵粉……70g
- 無鹽奶油……35g
- 蛋黃……1個

無花果乾（切碎備用）……適量

杏仁奶油餡

- 無鹽奶油……30g
- 砂糖……30g
- 全蛋……30g
- 杏仁粉……30g
- 蘭姆酒……5g

焦糖醬汁

- 砂糖……25g
- 水……10g

蘋果（紅玉品種）……2顆

砂糖……10g

鏡面果膠（加熱式）、水……各適量

無花果乾、核桃、開心果……各適量

防潮糖粉……適量

作法

1　請參照第18頁的作法，製作法式甜塔皮，再將塔皮鋪在模具上。完成之後用叉子在底部開孔。請參照第19頁的步驟製作杏仁奶油餡，將奶油餡抹在塔皮上，無花果乾切成一口大小，並輕輕壓進奶油餡內。

2　在180度的烤箱中烘烤20分鐘，烤至焦黃。烤好之後脫模放涼。

3　製作焦糖醬汁。將砂糖與水放進小鍋中，開火熬煮。

4　待糖漿出現焦色就立刻關火，迅速倒入塔模中。

秘訣

若焦化的程度不夠，焦糖的顏色與風味就會太淡。另外，必須快速倒入糖漿，否則焦糖很快就會凝固，而且必須注意糖漿不能過焦。

5　蘋果削皮去芯，切成12等分的蘋果片。

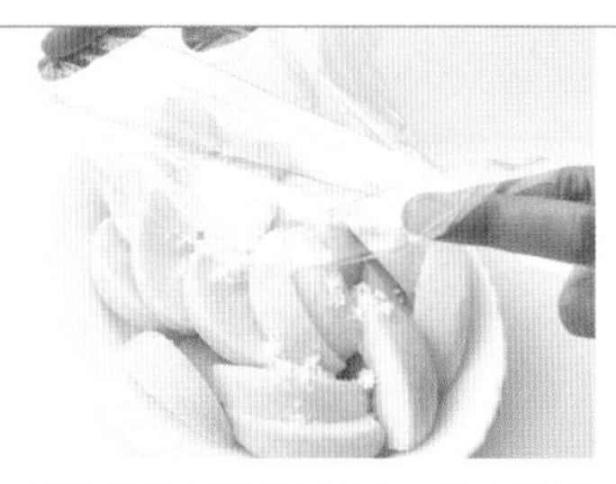

6　將蘋果放入耐熱容器中，撒上砂糖並蓋上一層保鮮膜。在微波爐中加熱3～4分鐘。

7　加熱至蘋果變軟就可以放涼備用。

8　在步驟**4**的底部分別放入3片蘋果。互相重疊排列讓高度維持均等。

9　再放上3片蘋果，並輕壓固定。

10　在180度的烤箱中烘烤15分鐘左右。

11　放涼之後，用抹刀插入塔模與蘋果之間，劃一圈使周圍脫模。

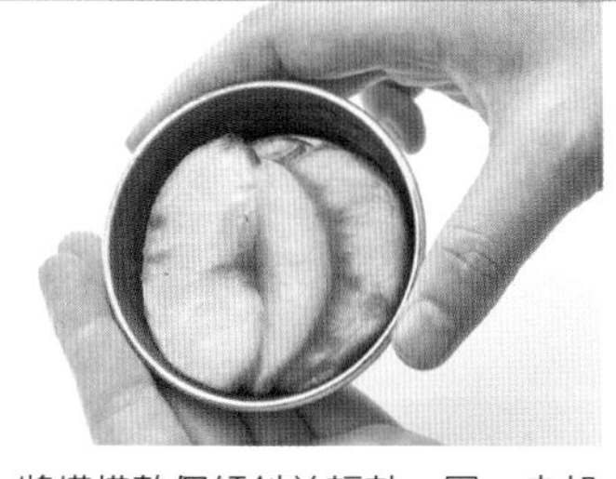

12　將塔模整個傾斜並輕敲一圈，底部就會慢慢鬆脫。

13　倒蓋在步驟**2**的基底塔上。

若倒蓋時變形，可以用手輕壓調整。

14　在耐熱容器中倒入少量鏡面果膠，並加入約鏡面果膠2成比例的水，用微波爐加熱至稍微沸騰，使鏡面果膠融解。趁熱用毛刷塗抹在步驟**13**的蘋果上。

15　以無花果乾、沾上防潮糖粉的核桃、開心果做裝飾。

在卡士達奶油上裝飾水果的水果塔，可以說是塔類點心之王。我稍微做了一點修改，在卡士達奶油中加入吉利丁，做成巴伐利亞奶凍，塗抹上鏡面果膠，呈現鮮豔的火紅色澤。巴伐利亞奶凍帶著利口酒的香氣，呈現成熟的大人風味。

材料

直徑7cm、深1.6cm圓形塔模4個的量
（也會使用巴伐利亞奶凍用的直徑3.5cm圓頂矽膠模，或者小蛋糕模）

法式甜塔皮（只使用其中1/2的量）
- 糖粉……25g
- 低筋麵粉……70g
- 無鹽奶油……35g
- 蛋黃……1個

覆盆子果醬……適量

杏仁奶油餡
- 無鹽奶油……15g
- 砂糖……15g
- 全蛋……15g
- 杏仁粉……15g
- 蘭姆酒……2g

利口酒奶凍（12個的量）
- 牛奶……50g
- 蛋黃……1/2個
- 砂糖……25g
- 吉利丁粉……2g
  （加10g的水泡開）
- 櫻桃利口酒……3g
- 鮮奶油（打至8分發）……35g

覆盆子果膠
- 覆盆子果醬……30g
- 鏡面果膠（非加熱式）……30g

覆盆子……約32顆

食用玫瑰（食用花）、金粉……各適量

Milana
米拉娜

作法

1　請參照第18頁的作法，製作法式甜塔皮，再將塔皮鋪在模具上。完成之後用叉子在底部開孔。塗抹少量覆盆子果醬。請參照第19頁的步驟製作杏仁奶油餡，將奶油餡分成4等分平整地抹在塔皮上。在180度的烤箱中烘烤15～17分鐘，烤至顏色焦黃。

2　請參照第61～62頁的步驟**3～4**，製作相同的利口酒奶凍。做成有點稠度的柔軟質地。

3　將奶凍倒入放在托盤上的圓頂模框中，倒完之後連同托盤整個拿起來輕敲桌面，讓奶凍表面平整。放進冷凍庫，冷凍至完全凝固。

4　製作覆盆子果膠。混合覆盆子果醬與鏡面果膠，用濾茶網過濾。覆盆子果醬顏色不夠鮮豔時，可將微量的紅色色素加水溶解，再慢慢加入果膠中。

5　在基底塔上塗抹薄薄一層鏡面果膠。注意不要塗抹到側邊的塔皮。

鏡面果膠具有接合奶凍與覆盆子的作用。

6　從下往上推，將利口酒奶凍脫模，放在蛋糕散熱架或網子上。

奶凍會融化，所以必須一鼓作氣迅速脫模。

7　趁奶凍還維持冷凍狀態時，將鏡面果膠從上方淋在奶凍上，輕敲蛋糕散熱架讓多餘的果膠往下流。

8　用抹刀將奶凍放在步驟**5**的基底塔中央。

9　在奶凍的四周放上覆盆子。覆盆子一正一反交互排列，並輕壓固定。最後在奶凍上灑玫瑰花瓣與金粉裝飾就完成了。

於可可風味的塔皮中加上甘納許打造基底，上頭是柳橙口味的牛奶巧克力慕斯。這是一款充滿濃厚巧克力風味的慕斯塔。在慕斯上澆淋光澤鮮豔的果膠，與塔皮組合。由於塔皮是空燒烘烤，所以在脫模或填裝甘納許時都要小心，以免塔皮出現缺角。

Aleksey
艾克斯

材料

直徑7cm、深1.6cm圓形塔模4個的量
（也會使用慕斯用的直徑6cm、高2.5～3cm的慕斯框）

巧克力甜塔皮（只使用其中1/2的量）
- 糖粉……25g
- 低筋麵粉……60g
- 可可粉……12g
- 無鹽奶油……35g
- 蛋黃……1個

甘納許
- 鮮奶油……90g
- 可可含量65%的黑巧克力（切碎備用）……90g

牛奶巧克力慕斯
- 牛奶……80g
- 砂糖……25g
- 蛋黃……1個
- 吉利丁粉……3g（加15g的水泡開）
- 可可含量40%的牛奶巧克力（切碎備用）……60g
- 柳橙皮……1/4個的量
- 鮮奶油（打至8分發）……70g

巧克力果膠
- 牛奶……45g
- 砂糖……25g
- 可可粉……10g
- 吉利丁粉……1g（加5g的水泡開）

蜜臻果
- 砂糖……30g
- 水……15g
- 榛果（切成大顆粒備用）……35g

金箔噴劑……適量
裝飾用巧克力……適量

*榛果可以用杏仁取代。
*裝飾用巧克力會使用到凹凸形狀的鋸齒刮板。可在烘焙用品店等商店購得。

事前準備

在慕斯框下方舖一層保鮮膜當底，用橡皮筋固定保鮮膜，放在托盤上備用。

作法

1 請參照第18頁的作法，製作巧克力甜塔皮。在低筋麵粉中加入可可粉製作塔皮。將塔皮鋪在模具上，用叉子在底部開孔。將和底部尺寸相同的鋁箔杯蓋在塔皮上，並放入重石。

秘訣
邊緣必須與模框切齊。為避免烘烤時底部膨脹或側面變形，必須放入重石。

2 在180度的烤箱中烘烤10分鐘左右，拿出重石之後再烤4～5分鐘。放涼之後即可脫模。

秘訣
塔皮尚熱時很脆弱，一定要等放涼之後才能脫模。

3 製作甘納許。在容器中倒入鮮奶油與黑巧克力，放進微波爐加熱。當鮮奶油開始膨脹沸騰即可取出，再用打蛋器攪拌成滑順的甘納許。

4　稍微冷卻之後就會出現黏稠度，此時可倒入步驟**2**的塔模中，並放進冰箱冷藏至凝固。

5　請參照第40頁的步驟**3**～**7**製作牛奶巧克力慕斯。這裡使用牛奶巧克力取代黑巧克力，並加入削好的柳橙皮 。

秘訣

加入鮮奶油前不可過度冷卻，必須製作出可以滑順流動的慕斯。

6　將慕斯分成4等分，倒入事先準備好的慕斯框，連同拖盤整個拿起來輕輕敲打桌面，以利排除空氣、讓表面維持平坦。靜至於冷凍庫中直到完全凝固為止。

秘訣

冷凍後比較好澆淋果膠，也較容易組裝。

7　製作巧克力果膠。在小鍋中加入牛奶、砂糖、可可粉，開中火並以打蛋器攪拌至可可粉融解。融解之後，換成使用耐熱橡膠刮刀，邊攪拌邊加熱，並注意不可燒焦。

8　沸騰之後再繼續煮一陣子，等水分稍微收乾，分量開始減少之後就可以離火。果膠不再沸騰時，加入用水泡開的吉利丁，使吉利丁充分融解。

9　用濾茶網過篩，除去結塊的部分。蓋上保鮮膜放涼備用。

10　製作蜜榛果。將砂糖與水放入小鍋中煮至沸騰，待水分收乾、呈現黏稠狀之後關火，並加入榛果。

11　用橡膠刮刀充分攪拌，使榛果沾滿糖漿。持續攪拌至糖漿呈現偏白色並結晶化，分散成小顆粒為止。

12　再度開中火加熱，翻炒至出現焦色以及香味後，移至烘焙紙或廚房紙巾上攤開降溫。

13 組裝。請參照第20頁的步驟，將牛巧克力慕斯脫模，放在蛋糕散熱架或網子上，並在下方放置托盤。使用抹刀將慕斯邊緣抹順。

秘訣

抹去銳角，果膠才較容易完美附著。因為會結霜，所以不要一口氣全部做完，每次放2～3個在散熱架上，再淋上果膠。

14 將巧克力果膠稍微冷卻，提升濃稠度後，一口氣淋在牛奶巧克力慕斯上。重點是要淋上大量果膠。

15 馬上用抹刀把表面多餘的果膠往旁邊抹，以覆蓋整個慕斯，如果有遺漏的地方，則再用抹刀補上。

秘訣

果膠一冷掉就會變硬，所以動作要快！

16 確實去除多餘果膠後，以抹刀將慕斯移至基底塔的正中央。

17 沿著慕斯與塔皮邊緣，以蜜臻果裝飾一圈。再加上裝飾用巧克力、金箔點綴。

裝飾用巧克力的作法

請參照第23頁的步驟為黑巧克力調溫。在透明的玻璃紙上薄薄抹開巧克力，再用凹凸形狀的鋸齒刮板描繪直線。表面乾燥之後翻至背面，放在托盤等容器裡，在上面放上重石，靜置冰箱中冷卻。完全冷卻後，再一條一條剝下來。

Variation

改用圓頂形狀的慕斯

可以用直徑6cm的矽膠製圓頂模製作牛奶巧克力慕斯，做好之後一樣必須冷凍。脫模之後放上基底塔，用一樣的方法組裝。但這種款式就不需要再加上巧克力點綴。

基底塔加上白酒風味的起司蛋糕與滿滿的麝香葡萄，口味水潤清爽。組裝時使用鮮奶油當作黏著劑，確實固定每個部位。將麝香葡萄橫切面朝上排列，最後加上細葉香芹點綴，增添清涼的清新香氣，讓人從外觀就可以感覺到鮮嫩欲滴的口感。

Rhax
麗仕

材料

直徑7cm、深1.6cm圓形塔模4個的量
（也會使用起司奶油用的直徑6cm、高2.5～3cm慕斯框）

法式甜塔皮（只使用其中1/2的量）

糖粉	25g
低筋麵粉	70g
無鹽奶油	35g
蛋黃	1個

杏仁奶油餡

無鹽奶油	15g
砂糖	15g
全蛋	15g
杏仁粉	15g
蘭姆酒	2g

起司奶油

奶油乳酪	80g
砂糖	25g
牛奶	35g
吉利丁粉（加15g的白酒泡開）	3g
鮮奶油（打至5分發）	60g

鮮奶油（裝飾用，打至8分發）	60g
砂糖	5g
麝香葡萄	適量
細葉香芹	適量

事前準備 在慕斯框下方舖一層保鮮膜當底，用橡皮筋固定保鮮膜，放在托盤上備用。
請參照第18頁的步驟，用相同的方法烤好基底塔。

作法

1 製作起司奶油。靜置奶油乳酪直到恢復常溫，攪拌至呈現霜狀。依序加入砂糖、牛奶，每次加入食材都必須充分拌勻。以隔水或微波加熱泡開的吉利丁，邊攪拌邊加入奶油乳酪中。

2 加入打至5分發的鮮奶油，徹底攪拌均勻。將起司奶油平穩地倒入事先備好的模框中，放入冰箱冷卻凝固。鮮奶油打至5分發，大概是用打蛋器撈起來會滴滴答答往下流的程度。

3 在裝飾用的鮮奶油中加入砂糖並打發。取少量抹在已經放涼的基底塔正中間。

4 請參照第20頁的作法將起司奶油脫模，輕輕放在基底塔上並輕壓固定。

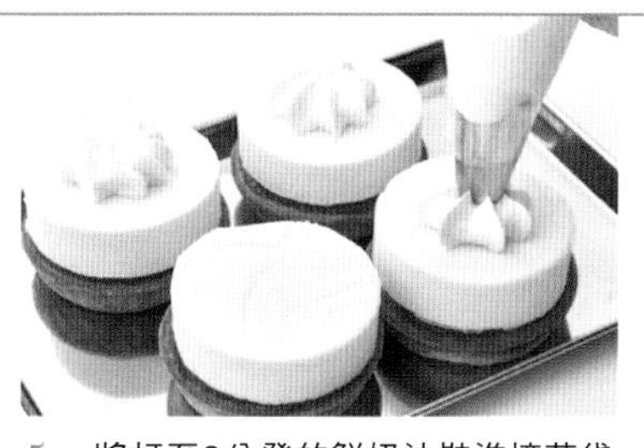

5 將打至8分發的鮮奶油裝進擠花袋中，用八齒形花嘴（9號）擠在起司奶油正中央。

6 將麝香葡萄對半切並去籽，圍繞著鮮奶油排列，正中間再擠上一圈鮮奶油。最後加上細葉香芹點綴即可。

咖啡慕斯與焦糖奶油、核桃的搭配，組合出富含香氣的蛋糕塔。基底塔使用的杏仁奶油餡，不只添加核桃，還加入咖啡豆一起烘烤，讓香氣加倍。基底塔與慕斯之間夾著焦糖醬汁，除了增添風味之外，還具有固定慕斯與基底塔的功能。

Camillo

卡麥蘿

材料

直徑7cm、深1.6cm圓形塔模4個的量
（也會使用直徑6cm、高2.5～3cm的慕斯框）

法式甜塔皮（只使用其中1/2的量）
- 糖粉……25g
- 低筋麵粉……70g
- 無鹽奶油……35g
- 蛋黃……1個

杏仁奶油餡
- 無鹽奶油……15g
- 砂糖……15g
- 全蛋……15g
- 杏仁粉……15g
- 蘭姆酒……2g
- 濃縮咖啡用的細咖啡粉……2g

核桃……20g

咖啡慕斯
- 濃縮咖啡用的細咖啡粉……3g
- 即溶咖啡……1g
- 牛奶……90g
- 蛋黃……1個
- 砂糖……25g
- 吉利丁粉……4g
（加20g的水泡開）
- 鮮奶油（打至8分發）……70g

焦糖醬汁
- 砂糖……25g
- 水……12g
- 鮮奶油……35g

焦糖果膠
- 鏡面果膠（非加熱式）……20g
- 焦糖醬汁（從前項醬汁取用）……8g

焦糖奶油
- 鮮奶油（打至8分發）……50g
- 焦糖醬汁（從前項醬汁取用）……15g

可可含量55~65%的黑巧克力（裝飾用）
……適量

肉桂粉、金箔……各適量

事前準備

在慕斯框下方舖一層保鮮膜當底，用橡皮筋固定保鮮膜，放在托盤上備用。

作法

1　請參照第18頁的作法，製作法式甜塔皮，再將塔皮舖在模具上。完成之後用叉子在底部開孔。請參照第19頁的步驟製作杏仁奶油餡，這裡要加入濃縮咖啡用的咖啡粉，將奶油餡分成4等分平抹在塔皮上。

2　將核桃稍微撥散撒在杏仁奶油餡上，再輕輕向下壓。

3　在180度的烤箱中烘烤15～17分鐘，烤至焦黃色後，放涼備用。

4　製作咖啡慕斯。在鍋中加入細咖啡粉、即溶咖啡、牛奶，煮至沸騰後關火靜置30分鐘以上。用濾茶網過濾，做成咖啡牛奶。

5　參照第36頁的步驟**6～7**，製作安格斯醬。這裡要用步驟**4**的咖啡牛奶取代牛奶。加入吉利丁，以餘熱融解。

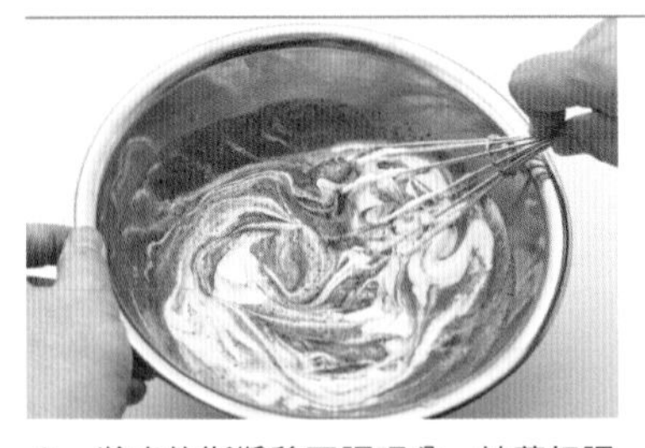

6　將安格斯醬移至調理盆，接著把調理盆浸在冰水中，稍微增加稠度之後便加入打至8分發的鮮奶油，並攪拌均勻。

7　分4等分倒入事前準備好的慕斯框，連托盤一起輕敲桌面抹平表面後，放入冰箱冷藏凝固。

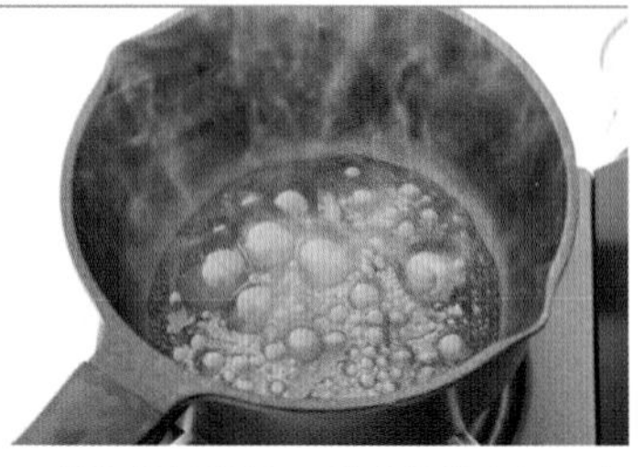

8　製作焦糖醬汁。將砂糖與水加入小鍋中，沸騰後繼續煮至出現焦糖色澤。鮮奶油另行加熱。

秘訣

不要過度冷卻到濃稠的程度，只要稍微有一點稠度就好，這樣表面會比較容易平整。

9　待焦糖出現深咖啡色，就可以分2次倒入加熱過的鮮奶油，每次都要攪拌均勻。

10　將醬汁移到調理盆中，放涼備用。

11　製作焦糖果膠。在鏡面果膠中加入焦糖醬汁8g並攪拌均勻。

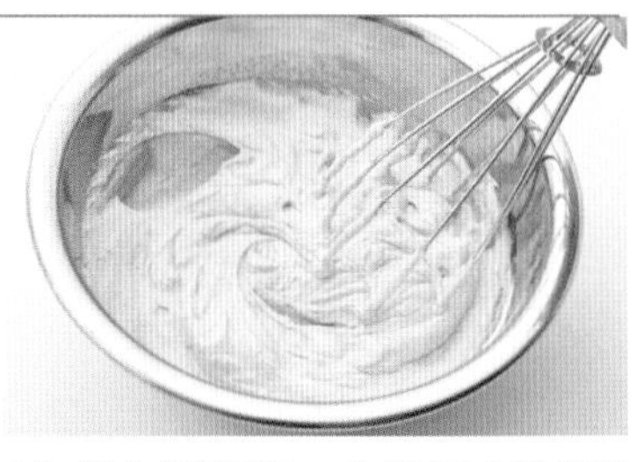

12　製作焦糖奶油。在打至8分發的鮮奶油中加入焦糖醬汁15g，繼續打至9分發。9分發大概是可確實立起尖角，質地開始變粗糙的程度。

13 用抹刀取少量剩下的焦糖醬汁，塗抹在步驟**3**的基底塔上。

秘訣

塗抹焦糖醬汁可以接合慕斯與基底塔。注意塗抹醬汁的面積不要超出慕斯尺寸。

14 在完全凝固的咖啡慕斯上，均勻塗抹焦糖果膠。

15 參照第20頁的方法加熱慕斯框，在基底塔上迅速脫模。

16 準備將焦糖奶油挖成球狀，以便裝飾。將湯匙浸泡在熱水中，再輕輕拭去水分。

17 湯匙略為向下傾斜，刮起平坦的焦糖奶油，使奶油形成球狀。

秘訣

如果奶油沒有順利變圓，有幾種可能：譬如湯匙沒有加熱或者湯匙向上翻、奶油過軟等。

18 將奶油刮起來，在調理盆邊緣切斷，即可直接放在步驟**15**上。湯匙只要沿著圓弧滑過，就可以順利脫離奶油。若湯匙與奶油無法順利分離，可以用自己喜愛的花嘴加上去裝飾掩蓋。

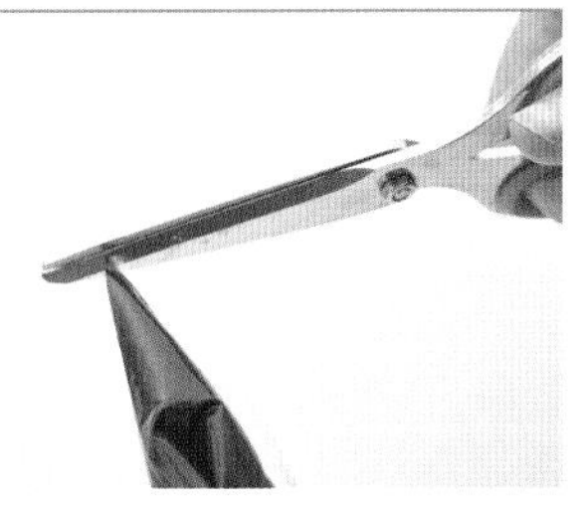

19 裝飾用的巧克力隔水加熱融解後，倒入塑膠製的擠花袋中。接著稍微剪掉前端。

20 在慕斯上擠出圓點裝飾。焦糖奶油上灑一些肉桂粉。巧克力上加金箔點綴即可。

熊谷裕子老師系列書籍

[中級手作教科書]

我做的甜點口感超專業！

定價 280 元　20×25.7cm
96 頁　彩色

水果蛋糕的美味祕訣

定價 280 元　20×25.7cm
96 頁　彩色

5 種奶油霜
做出綿密順口的蛋糕

定價 280 元　20×25.7cm
96 頁　彩色

花漾美感
手作餅乾美化技巧

定價 280 元　20×25.7cm
96 頁　彩色

[在家裡做甜點]

蛋糕彩妝師

定價 300 元　20×25.7cm
96 頁　彩色

我在家做的專業甜點

定價 300 元　20×25.7cm
96 頁　彩色

誘人蛋糕的裝飾魔法

定價 280 元　20×25.7cm
96 頁　彩色

法式小甜點在家出爐！

定價 280 元　20×25.7cm
96 頁　彩色

[初學者也能上手]

真的簡單！
第一次就烤出漂亮馬卡龍

定價 250 元　21×26cm
80 頁　彩色

真的簡單！
第一次就烤出香濃磅蛋糕

定價 250 元　21×26cm
80 頁　彩色

TITLE

完美基底 帶出蛋糕精緻美感

STAFF

出版　瑞昇文化事業股份有限公司
作者　熊谷裕子
譯者　涂紋凰

總編輯　郭湘齡
責任編輯　蔣詩綺
文字編輯　黃美玉　徐承義
美術編輯　孫慧琪
排版　靜思個人工作室
製版　明宏彩色照相製版股份有限公司
印刷　皇甫彩藝印刷股份有限公司

法律顧問　經兆國際法律事務所　黃沛聲律師

戶名　瑞昇文化事業股份有限公司
劃撥帳號　19598343
地址　新北市中和區景平路464巷2弄1-4號
電話　(02)2945-3191
傳真　(02)2945-3190
網址　www.rising-books.com.tw
Mail　deepblue@rising-books.com.tw

本版日期　2019年3月
定價　280元

國家圖書館出版品預行編目資料

完美基底：帶出蛋糕精緻美感 / 熊谷裕子著；涂紋凰譯. -- 初版. -- 新北市：瑞昇文化, 2018.03
96面；20 x 25.7 公分
ISBN 978-986-401-225-1(平裝)

1.點心食譜

427.16　　107001834